LA MALDICIÓN DEL HOMBRE MONO

DRAKONTOS

Director:
JOSÉ MANUEL SÁNCHEZ RON

LA MALDICIÓN DEL HOMBRE MONO

Las raíces evolutivas del sufrimiento humano

Emiliano Bruner

CRÍTICA
BARCELONA

Primera edición: junio de 2025

La maldición del hombre mono. Las raíces evolutivas del sufrimiento humano
Emiliano Bruner

Av. Diagonal, 662-664, 08034 Barcelona (España)
Crítica es un sello editorial de Editorial Planeta, S. A.

editorial@ed-critica.es
www.ed-critica.es

ISBN: 978-84-9199-782-5
Depósito legal: B. 7.542-2025
Impresión y encuadernación: Unigraf
Printed in Spain - Impreso en España

PEFC Certificado
Este libro procede de bosques gestionados de forma sostenible
PEFC
PEFC/14-38-00305
www.pefc.es

Dedico este libro a Noi.
A nuestro camino,
a nuestros horizontes

Prefacio

El karma de la filosofía budista es un concepto tan fascinante como borroso, ya sea porque no tiene equivalentes conceptuales en los idiomas y culturas occidentales, porque es algo realmente difícil de definir, o porque incluso su incierta enunciación favorece su aplicación en contextos y situaciones muy distintas. Pero ahí está, cruzando milenios a través de complejas y eruditas filologías y perpetuándose en tatuajes mal improvisados y envueltos en un supuesto halo místico. Puede que no sea más que lo que llamamos destino, tambaleándose entre los recovecos del libre albedrío, las esquinas ásperas de la responsabilidad, y una pizca de despiadado azar. Pero sus postulados básicos son, al fin y al cabo, casi obvios: el presente es el resultado de un pasado, y a la vez es el fundamento de un futuro. Llanamente, como lo expresaba el monje budista Thích Nhất Hạnh, lo que pensamos, decimos y hacemos tiene sus consecuencias. Lo cual nos lleva a una visión claramente estadística del karma: lo que hacemos en cada momento influye en lo que seremos en el futuro. Es una sencilla cuestión de probabilidad, de correlaciones y de tendencias, que consiste en sembrar para luego recoger, tal vez, lo que hemos sembrado. Es la alternativa opuesta al fatalismo, que sugiere, por el contrario, un futuro ya predeterminado por causas que no tienen nada que ver con nosotros. El karma, aunque sin llegar a implicar un juicio de valor que otorga premios y castigos, sencillamente nos recuerda que nuestras acciones siempre tienen un efecto, por grande o pequeño que sea, y estos efectos, poco a poco, se van sumando e integrando con sus pesos y sus implicaciones. Un cálculo de probabilidades que sigue reglas en parte imprevisibles y rebeldes, a veces injustas, y que de todas formas, por su misma naturaleza estadística, al menos en promedio, acierta.

Ahora bien, son tantos los factores involucrados en una vida que, si bien algunos los podemos controlar y dependen de nosotros, muchos otros son fruto de la contingencia, del ruido, o del descuido. Elecciones que muchas veces hacemos sin saber que importan. Como cuando, siendo estudiante de ecología a mediados de los años noventa, después de ganar una beca de colaboración para trabajar en el Museo de Zoología de la Universidad La Sapienza de Roma, acepté pasar al Museo de Antropología porque nadie quería ser destinado a la polvorienta y sombría galería de cráneos humanos, y porque «seguro que un breve período en este campo me aporta algo nuevo, y desde luego no me cambia la vida». Pues ahí estaba el karma esperándome, con su media sonrisa y sus cadenas de causas y consecuencias. Y, mira tú por dónde, esta decisión puntual sí que me cambió la vida.

Empecé a trabajar primero con cráneos y luego con cerebros, aplicando técnicas de morfometría computarizada que entonces eran muy novedosas y, desde el principio, los resultados apuntaban a una curiosa e inesperada variabilidad en los lóbulos parietales de nuestra especie, *Homo sapiens*. Fue así como empecé a hurgar en la anatomía de esta región de nuestra cabeza, tanto a nivel de huesos como de corteza cerebral e incluso de vasos sanguíneos. Después de una década de estudios anatómicos, decidí empezar a investigar también sus funciones cognitivas. En primer lugar, la integración visoespacial, es decir, la capacidad de integrar el cuerpo en el espacio, combinando la información somática y la información visual. Y en segundo lugar, después de otros diez años, la atención, es decir, la capacidad de seleccionar un foco sensorial o cognitivo, y sostenerlo a pesar de otros estímulos competitivos. La idea era investigar estos aspectos a lo largo de la evolución humana pero, más allá de la teoría y de los modelos psicológicos, tenía la intención de hacer experimentos, cuantificar, analizar qué factores y qué diferencias influyeron en aquellos comportamientos que resultaron determinantes para la evolución del género *Homo*. Así que comencé a utilizar electrodos para medir la atención en función de la conductividad de la piel (¡algo parecido a los famosos detectores de mentiras!), aparatos de seguimiento ocular para localizar el movimiento de la mirada, o los famosos tests psicométricos que, a partir de protocolos preestablecidos, plantean problemas de diferentes tipos para medir nuestras habilidades mentales. Me fui interesando por el tacto, la cognición corporal, la imaginación visual, la percepción y el concepto de espacio. Y, poco a poco, empecé a usar mi propio cuerpo como laboratorio, recopilando ideas de la literatura científica y de los ensayos que leía, haciendo pequeños experimentos sensoriales con mis propios sentidos, concentrándome en el espacio que ocupaba mi cuerpo, en mi percepción de la gravedad y de la presión con el suelo o con otros objetos, en mis tensiones musculares, en mi respuesta a los olores o a las variaciones de temperatura, en el contacto de mi cuerpo con el agua de un grifo o de una ducha, en la dinámica de mis manos, en la extensión tridimensional de lo que abarcaba mi visión. Al principio se trataba solo de un juego, motivado por la curiosidad, pero luego con el tiempo se convirtió en una especie de entrenamiento somático, perceptivo y sensorial. Un entrenamiento que, además... ¡me sentaba bien! Me dejaba relajado, cómodo con mi cuerpo, y con una agradable (y novedosa) sensación de integración con el espacio que me rodeaba. Después de unos años descubrí la fenomenología, la rama de la filosofía que más ha apostado por la percepción. Y, poco después, descubrí que mis ejercicios no solamente ya se habían inventado, sino que había una ingente cantidad de textos, escuelas y tradiciones que durante dos mil y pico años se habían encargado de desarrollar un extenso y eficiente marco teórico y práctico alrededor de todos estos principios y conceptos: estaba yo lenta y rudimentariamente reinventando la meditación y, en concreto, el *mindfulness*. La chispa ya había prendido, y acababa de descubrir lo que todo explorador espera encontrar: un camino desconocido. Donde tú eres a la vez explorador y selva. Explorador y explorado.

En realidad, a la luz del karma se acababan de cruzar dos caminos, que ya llevaban flirteando mucho tiempo: mi camino personal, orientado al desarrollo y al crecimiento individual, con mi camino profesional, interesado en la evolución de la consciencia somática y perceptiva. Una pandemia planetaria selló, acto seguido, este encuentro: encerrado en casa con libros, artículos científicos y un cojín de meditación, empecé un viaje de esos en los que el entusiasmo de la salida se suma a la seductora motivación de saber que nunca habrá una llegada. Este libro cuenta lo que encontré al emprender este viaje, un viaje que no persigue metas, sino solo hermosos horizontes.

Madrid, 10 de enero de 2025
EMILIANO BRUNER

1

Los límites de la evolución humana

Evolución y selección

El ser humano padece una condición profundamente contradictoria y conflictiva: es racional, y muy incoherente. Dice ser lógico, pero al final es muy emocional. Proclama igualdad, cuando todos sus individuos son muy diferentes. Y, sobre todo, afirma ser inteligente, pero demasiado a menudo parece que esta inteligencia lo aboca a la infelicidad. Nada nuevo. Todo esto lo han descrito filósofos y bardos, psicólogos y roqueros, y por supuesto se ha planteado con todo detalle en libros sagrados y tradiciones religiosas. Ante esta condición implícitamente asumida, unos levantan los hombros sin más (el clásico «qué le vamos a hacer»), mientras que otros intentan buscar curas, o al menos alternativas, a estos conflictos aparentemente tan arraigados en nuestra forma de ser y de existir. Pero también sería interesante investigar las causas de estas contradicciones, demasiado a menudo vinculadas a un profundo desasosiego, angustia existencial, e insatisfacción permanente. Desde luego, a corto plazo, las causas próximas de esta condición son fundamentales para saber qué está pasando, qué mecanismos generan esos contrastes y sus efectos colaterales. Pero para un biólogo evolutivo son más interesantes las causas remotas, las más lejanas y profundas, las que tienen raíces en la historia filogenética de la propia especie. Sobre todo en un caso como este, porque el hecho de que esta condición sea tan común en las distintas poblaciones humanas hace sospechar que haya algo programado en nuestros mismos códigos naturales. Así que este libro pretende indagar los factores que pueden haber contribuido a engendrar un simio cuya extrema inteligencia no parece ser suficiente para garantizar una vida satisfactoria, un bienestar individual y colectivo. La intención es, pues, considerar algunas fragilidades de nuestros rasgos neurobiológicos, cognitivos, sociales y culturales, a la luz de los sesgos implícitos que el mecanismo eficiente y cruel de la selección natural puede haber colado disimuladamente en nuestra forma de ser.

Y un libro sobre evolución tiene que empezar necesariamente por aclarar qué quiere decir *evolución*. Parece obvio, pero no lo es, probablemente porque a menudo adjudicamos a esta palabra interpretaciones que van más allá de las ciencias naturales, y que abarcan juicios individuales y sociales. De ahí tantos malentendidos sobre sus mecanismos y principios, malentendidos que a veces son fruto de una falta de conocimiento o superficialidad, y que a veces pueden surgir de una manipulación más o menos intencionada de sus dinámicas, con el fin de inculcar objetivos o criterios disfrazándolos de «naturales», y justificándolos con base en su supuesta armonía con nuestra historia biológica.

Todos sabemos que la evolución es un proceso de cambio, y que este cambio ocurre, en parte, por un proceso de selección. Si hablamos de evolución biológica, esta selección se llama selección natural, porque se supone que es la propia naturaleza la que efectúa la criba. Esta naturaleza no es un concepto abstracto, sino un sistema real: un sistema formado por una red de elementos (individuos, poblaciones, especies, etc.) que establecen un flujo de energía (alimento) en un entorno con determinadas características químicas y físicas (ambiente). Este es el principio de la ecología y de sus mecanismos, tanto locales como globales. Ahora bien, para que este sistema se pueda mantener en el tiempo, requiere de una función básica: la reproducción. De aquella energía que se procesa (quién se come a quién), una parte se destina al mantenimiento de los individuos, y otra parte a su reproducción. Y es aquí donde entra en juego la selección natural, que tiene como único criterio, dominante y todopoderoso, el éxito reproductivo: quien más se reproduce, transferirá en mayor medida sus genes a la generación siguiente, la cual, por la relación entre genes y biología, se parecerá más a sus padres. Por ende, la selección natural favorecerá aquellos rasgos (anatómicos, fisiológicos, comportamentales, etc.) que aumenten el número de hijos, limitará aquellos rasgos que reduzcan el número de hijos, y no influirá sobre los rasgos que no alteran este parámetro. En teoría, solo los rasgos que se seleccionan positivamente (es decir, que se instauran por sus ventajas reproductivas) se merecen el nombre de «adaptación».

Así pues, el proceso de criba parece sencillo, más sencillo de lo que a menudo se plantea en libros y conferencias. ¿Cuántas veces hemos oído que la selección natural favorece al más fuerte, al más guapo o al más inteligente? Pero no, la selección solo favorece al que tiene más hijos, aunque sea débil, feo y tonto. Y desde luego el éxito reproductivo depende de tantos factores que es muy difícil limitar la previsión a uno o a pocos rasgos, como la fuerza, la belleza o la inteligencia. Además, se puede alcanzar el mismo éxito reproductivo de diferentes formas, así que la previsión de quién va a aportar más hijos a las generaciones venideras puede ser muy complicada, y quien hace previsiones demasiado tajantes puede llevarse sorpresas. Los humanos, por ejemplo, siempre fardamos de nuestro intelecto como rasgo soberano y elitista, aunque no hay ninguna evidencia de que una habilidad mental elevada sea útil o necesaria para tener muchos hijos. La película *Idiocracy* (Mike Judge, 2006) polemiza precisamente sobre este punto, sugiriendo que, a menudo, los que tienen una habilidad cognitiva más elevada son precisamente los que menos se reproducen, mientras que es en contextos culturales más básicos (y sobre todo en individuos menos... cuidadosos) donde se encuentran los índices de reproducción más altos. Más allá de implicaciones éticas o morales, el mensaje está claro: no es necesario ser particularmente inteligente para reproducirse. De hecho, seguimos pensando que el ser humano es la cumbre de la evolución cuando, como especie, no podemos ni de lejos competir con el éxito reproductivo (tanto en cuanto al número de individuos como en términos de permanencia en este planeta) de las cucarachas o de las medusas, por no mencionar plantas o bacterias. Así que para arrogarnos los honores del triunfo evolutivo y erigirnos en dominadores del planeta nos falta aún mucho camino, y quizá las cosas, por el momento, ¡no pintan bien!

Desde luego, en este sentido, donde sí podemos llevarnos a casa una buena medalla es en la liga de los primates. Nuestro grupo zoológico tiene alrededor de sesenta millones de años de historia, y por supuesto, si comparamos al ser humano con todos los primates tanto actuales como extintos, es verdad que hemos triunfado a lo grande, por lo menos en número de individuos y en distribución geográfica. Aunque en el caso de los primates, para ser precisos, hay que introducir un factor adicional. Como grupo zoológico, hemos invertido sobre todo en cerebro, es decir, en complejidad cognitiva, y en particular en tres aspectos concretos. Primero, la visión: mientras que otros mamíferos viven en un mundo hecho de olores y sonidos, muchos primates (sobre todo los que llamamos con nombres muy genéricos como «monos» y «simios», o sea, más técnicamente el infraorden *Simiiformes*) vivimos en un mundo hecho de formas y colores. Segundo, el tacto: los primates tenemos recursos anatómicos y cerebrales muy especializados para las habilidades hápticas y manipulativas, o sea dedicadas al uso de las manos. Tercero, la comunidad: en los primates, el tamaño del cerebro de una especie y su complejidad cognitiva son proporcionales al tamaño de su grupo social (en promedio, un cerebro más grande se asocia a un grupo social más grande). Estas tres especializaciones son tan decisivas y extremas que conllevan una larguísima serie de adaptaciones, tan profundas y arraigadas que acaban determinando un poco todo: nuestro nicho ecológico, nuestro nicho económico y nuestra forma de pensar. De hecho, podemos decir que los primates pensamos con las manos y con los ojos, pero sobre todo pensamos (aunque muchas veces sin ser conscientes de ello) por y para el grupo. Y, en las tres especializaciones, los humanos somos los que hemos destacado, tanto en cantidad (el grado de habilidad) como en calidad (la gama de posibilidades funcionales). A nivel cerebral, somos los primates con el cerebro más grande, en términos tanto absolutos (dimensiones) como relativos (el tamaño del cerebro en proporción al tamaño del cuerpo, o «encefalización»). De hecho, nuestro cerebro es tres veces más grande de lo que sería el de un simio que tuviera nuestro mismo tamaño corporal. A nivel visual, nuestras órbitas están lo más frontalizadas posible, es decir, ambos ojos miran al frente, cosa que permite solapar sus campos visuales y aumentar la precisión. Por lo que atañe a las manos, nuestras proporciones optimizan la manipulación, pero sobre todo contamos con un sistema neural capaz de usar la mano para engancharse a extensiones físicas que acaban conectándose con nuestro propio sistema cognitivo, a las que llamamos «herramientas». A nivel social, tenemos el grupo más grande y complejo que se encuentra en la naturaleza, un verdadero sistema de células especializadas (los individuos) que actúan y piensan de forma necesariamente colectiva.

Este último factor es lo que cambia de forma crucial las reglas del juego, porque para los primates, en realidad, lo que la selección natural considera no es el éxito reproductivo del individuo, sino el del grupo: el individuo contribuye al grupo, y es el grupo el que se reproduce, para imponer, así, su genética y también su cultura. Las adaptaciones biológicas y culturales que aumentan el número de hijos del grupo serán favorecidas por la selección (que ya no solamente es «natural»), mientras que los rasgos que disminuyen el éxito reproductivo del grupo sufrirán la criba, y desaparecerán finalmente de la competición filogenética.

Ahora bien, en muchos animales, el concepto de «grupo» puede referirse al grupo social, o a la población, que es, digamos, el conjunto de individuos (más grande que el grupo social) que comparten un mismo patrimonio genético porque se emparejan muy frecuentemente. Esto puede valer también para los humanos, pero en nuestro caso la tremenda complejidad social añade niveles culturales más difíciles de definir, que incluyen sociedades, etnias, razas o tribus. Aunque el juego se hace en este caso más complejo, la regla general se mantiene: la selección natural nos ha forjado, a lo largo de millones de años, con programas dedicados exclusivamente a aumentar la reproducción, el número de hijos; y también con programas orientados a generar una dependencia del grupo, una necesidad de grupo, una prioridad de grupo. Este conjunto de programas a la evolución le viene de perlas, porque promociona y asegura el éxito reproductivo y la difusión de nuestra especie. Lo cual no implica necesariamente que nos venga bien a nosotros como individuos, que la evolución esté velando por nuestro bienestar, o que todo esto nos haga felices.

El criterio de la evolución

Hemos visto que el criterio de la selección natural y de la evolución, su único principio de evaluación, su prioridad,[1] es el éxito reproductivo. Este principio tiene como objetivo la perpetuación de la especie. Pero ¿es este principio válido también para evaluar el éxito de la vida de un individuo? ¿Representa también nuestra prioridad individual? Si se reflexiona detenidamente sobre la cuestión, es fácil llegar a una rápida (aunque incómoda) conclusión: no. Lo que prima en la vida de un individuo es (o por lo menos debería ser) su propio bienestar, o sea, el estar bien. El criterio de un individuo debería ser la felicidad, la suya y la de sus seres queridos; vivir una vida plena, una vida satisfactoria, minimizando el dolor y el sufrimiento, y promoviendo estas cualidades en su entorno. Reproducirse puede formar parte de este panorama, pero desde luego no puede ser el único criterio, y como seres conscientes que somos, sabemos que una vida plena y satisfactoria incluye muchos aspectos que no tienen nada que ver con el número de hijos que podemos lograr tener.

Sin embargo, el programa de la evolución es tan poderoso y está tan profundamente arraigado que es imposible sacárnoslo de dentro. Hay muchos comportamientos «naturales» que actualmente tachamos de impropios porque entendemos que vienen de una selección que ha forjado instintos extremos para poder competir de forma extrema. Así que, a pesar de su naturaleza adaptativa y sobre todo instintiva (lo que viene a ser «natural»), entendemos que no procede agredir, matar, violar o robar a alguien solo porque nuestras emociones nos impulsan a una reacción automática basada en anhelos compulsivos. El comportamiento reproductivo viene en el mismo paquete de impulsos emocionales, pero es tan poderoso que es muy muy raro llegar a ponerlo en discusión. Para las demás pulsiones automáticas, según la perspectiva evolutiva, hay margen de expresión, pero para la reproducción no: quien no tiene esta pulsión obsesiva y compulsiva de reproducirse queda inmediatamente expulsado de la competición selectiva, y muy pronto olvidado del perfil genético del grupo. Esta compulsión reproductiva resiste inexpugnable en la única especie (nosotros) que ha logrado entender el juego de la selección natural, es decir lo de usar un cebo (el sexo) como afán para llevar a cabo su prioridad reproductiva. ¡Esto sí que nos hace diferentes de cualquier otra especie! En cientos de millones de años de evolución animal, somos los únicos que hemos pillado el truco, y podemos (si queremos) comernos el cebo sin picar el anzuelo. Aun así, no lo hacemos, y hemos llegado a ser los primates con más éxito evolutivo de la historia del planeta, e incluso nos enfrentamos a problemas globales que muy a menudo tienen como nudo final la cuestión de la superpoblación. ¿Por qué, habiendo entendido el truco, seguimos con la misma obsesión compulsiva, automática e instintiva de la reproducción? Respuesta: porque esta programación es demasiado potente, incluso para un mono con 1.500 centímetros cúbicos de cerebro que construye satélites y juega al ajedrez.

Una de las paradojas más actuales de la obsesión reproductiva la podemos observar en los procesos de adopción, que son extremadamente severos, cautelosos y engorrosos. A pesar de la existencia de miles y miles de niños sin hogar en el mundo, estos procesos dificultan (con sus criterios lógicos y cavilosos) la tarea porque se entiende que criar un ser humano, una persona, es una cosa muy seria. Sin embargo, nadie llegaría a cuestionar la paternidad «natural», para la cual no se necesita ningún aval ni, por supuesto, la más mínima pericia mental, intelectual o ética. De hecho, más allá de las razones lógicas para no creer que nuestro bienestar depende del número de hijos que tengamos, a la vista está que demasiados hijos nacen y crecen en un contexto donde sexo y reproducción fomentan situaciones de malestar extremo, y no representan una mejoría de la calidad de vida. Ni la suya, ni la de sus padres.

La conclusión de todo esto es tan obvia que, en muchos casos, se da por sentada y pasa desapercibida: estamos programados para reproducirnos, de forma compulsiva y automática, y esta pulsión tiene que ver con el éxito de la especie, no necesariamente con el bienestar personal. Dicho sea de paso, para quien quiera emprender la cruzada (o ser mártir) de la misión evolutiva y encargarse de la perpetuación de la especie como objetivo último y sumo, tengo una muy mala noticia: todas las especies tienen un origen, un desarrollo y, finalmente, una extinción. Desde luego, no hay prisa por acabar nuestro reinado, pero si pensamos que podemos ser la primera especie eterna de la historia de la Tierra, probablemente nos estamos dejando arrastrar por un excesivo optimismo. Así que, para quienes creen firmemente en el deber reproductivo como acto de obligación hacia nuestra especie, que sepan que la perpetuación de nuestro genoma es un espejismo, cientos de miles de años arriba o abajo. Sin considerar cuestiones más profundas: ¿por qué me tiene que preocupar la preservación de la especie? ¿Su éxito reproductivo garantiza la calidad de su existencia?

El conflicto entre evolución y bienestar

Conflictos entre evolución y bienestar los podemos encontrar en muchos aspectos de nuestra biología y de nuestra vida cotidiana, incluso en rasgos más específicos del impulso reproductivo y en programas menos profundos de nuestros códigos genéticos. Pensemos en un ejemplo muy común y seguramente conocido: los fallos de nuestra columna vertebral. La adaptación a la bipedestación ha sido un hito en la evolución de los homínidos, que ha permitido explorar nuevos nichos ecológicos e incluso cognitivos, al liberar las manos de las tareas locomotoras y convertirlas en interfaz activa con la tecnología. Y somos bípedos increíbles, extraordinarios. Hasta los cuarenta o cincuenta años, cuando el mecanismo empieza tristemente a fallar. Ciática, cervicales, lumbares, todo el conjunto empieza a dar problemas, y muchos dolores. ¿Por qué fracasa nuestra fantástica adaptación? La respuesta es la de siempre: los intereses de la evolución no son los mismos que los del individuo, así que con que una adaptación cumpla con los primeros (la reproducción), vale de sobra. El resto, sencillamente, no importa, es tu problema. La columna vertebral tiene que funcionar bien sobre todo en la etapa reproductiva, que en un cazador recolector se traduce en pocas décadas. Luego, una vez se ha cumplido con los deberes de la procreación, el problema es todo tuyo. La evolución ya no se encarga de mejorar las cosas. Si queremos paliar las imperfecciones de nuestra estructura vertebral, no nos queda otra que comprometernos en primera persona, en este caso con ejercicios dedicados a reforzar los músculos, con el cuidado de la postura, tal vez con una alimentación más saludable. Pero la cuestión no es solo que la evolución protege únicamente los rasgos que aumentan la reproducción, sino que, además, muchas veces acepta en su criba rasgos que son explícitamente perjudiciales. Entender que la selección promueve rasgos que mejoran nuestras prestaciones (ciertas características físicas, fisiológicas, mentales, etc.) es intuitivo, pero que la misma selección respalde algo que aparentemente es dañino (como el envejecimiento, una enfermedad, o ciertos fallos en nuestra complexión) nos suena raro. Es decir, hay rasgos que tienen un efecto negativo en el funcionamiento o en el rendimiento del individuo o de una especie, pero que la selección no filtra. ¿Cómo es posible?

Para entender cómo se cuelan rasgos nocivos en nuestra eficiente selección natural hay que entrar un poco en la dinámica de la genética. Muchas veces se menciona que los genes determinan los rasgos (los músculos, las neuronas, la bioquímica del cerebro o el desarrollo del individuo), pero obviando que la relación no es precisamente lineal. Situaciones donde un gen determina un rasgo son bastante infrecuentes. Para empezar, los genes se influyen entre sí, y también los rasgos biológicos tienen efectos recíprocos (*integración*). Además, en general un gen influye en muchos rasgos (*pleiotropía*), y cada rasgo sufre la influencia de muchos genes (*poligenia*). Finalmente, el medio ambiente influye en la expresión de genes y rasgos, lo que determina en parte el resultado final (*plasticidad fenotípica*). Con todas estas redes de causas y consecuencias, es fácil entender que la evolución no puede permitirse el lujo de seleccionar un gen o un rasgo, o sea elementos individuales sueltos, sino conjuntos de genes y rasgos que, en su efecto global, aumentan el éxito reproductivo. Y, claro está, en estos «paquetes evolutivos» puede haber un poco de todo.

Así pues, a la hora de explicar por qué un rasgo nocivo acaba siendo aceptado por la selección natural, tenemos diferentes posibilidades. Primero, puede que un rasgo negativo (que perjudica al individuo o incluso su reproducción) se acepte porque viene acompañado de otros muy positivos que lo compensan de sobra (esta situación se llama *pleiotropía antagonista*). Segundo, puede que la selección deje pasar un rasgo negativo porque se asocia a una etapa ya no reproductiva del individuo, por lo que no computa en el éxito final. Tercero, puede que la selección acepte un rasgo que perjudica la calidad de vida del individuo porque, a pesar de ello, no influye en su capacidad reproductiva, o incluso la aumenta. Finalmente, hay un cuarto caso, un poco distinto, que es cuando la selección ha aceptado un rasgo porque es positivo, pero en un determinado ambiente. Luego, si las condiciones cambian, ese rasgo adaptativo ya no funciona bien, y hasta se puede volver en contra. Es un caso frecuente en nuestra especie, *Homo sapiens*, donde los cambios culturales son muy rápidos y pueden conducirnos a situaciones que la selección no había contemplado. Después de 200.000 años como cazadores recolectores, de repente nos hemos encontrado con armas de destrucción masiva, teléfonos móviles y centros comerciales, y muchas de nuestras programaciones, útiles en tiempos más sencillos, han fallado terriblemente. Es una situación que se considera mucho en psicología evolutiva, y que se llama «desajuste evolutivo» (*evolutionary mismatch*).

Y esto nos lleva a los posibles conflictos entre evolución y medicina. Mientras que la evolución vela por el éxito de la especie, la medicina vela por el bienestar del individuo. Estas dos prioridades a veces coinciden, pero otras veces no, y pueden generar dificultades. Desde luego, la evolución puede pasar olímpicamente de las necesidades de la medicina, pero la medicina no puede pasar de la programación de la evolución, porque representa la materia prima con que debe trabajar necesariamente. La medicina tiene que diseñar sus estrategias teniendo en cuenta nuestras potencialidades y nuestras limitaciones, y ambas vienen dadas por defecto a consecuencia de aquellos millones de años de selección natural, cuya finalidad es la de aumentar el éxito reproductivo del grupo, y no el bienestar de sus miembros. El objetivo de la medicina evolutiva (o darwinista) es precisamente este: interpretar la patología en el marco de nuestra propia historia natural.

El sufrimiento ontológico del ser humano

Actualmente, el orden zoológico *Primates* cuenta con más de trescientas especies vivientes, trescientas y pico historias evolutivas paralelas e independientes que, a partir de una base biológica común, han dado resultados paralelos e independientes. Es necesario recordarlo, porque todavía hay quien piensa que las especies siguen un orden que va desde lo más burdo hasta lo más complejo, e interpretan cada grupo como una versión más o menos sencilla de una misma tendencia, de un mismo modelo que va mejorando. Pero sabemos que esta es una visión simplona, y la verdad es que cada especie es el resultado de una historia particular, con sus adaptaciones únicas. Cada una de estas trescientas especies tiene sus propios rasgos, sus propias habilidades, y sus propios problemas. Algunos rasgos, ya sean anatómicos, fisiológicos o cognitivos, son compartidos con otras especies, mientras que otros son únicos de un determinado linaje. Y de ahí la pregunta del millón: ¿qué es lo que nos hace humanos? Evidentemente, nos podríamos preguntar también qué hace chimpancé a un chimpancé, o macaco a un macaco. A nivel cognitivo, sería interesante descubrir otras formas de ver y de pensar el mundo. Pero ya sabemos que aquí hemos venido a hablar de nuestro libro, y queremos oír hablar de nosotros. Lamentablemente, esa pregunta del millón, a pesar de su presencia inamovible en todos los foros evolutivos desde hace siglos, no ha encontrado respuesta. O bien ha encontrado cientos de respuestas, todas posibles, algunas hasta probables, pero ninguna concluyente, definitiva o suficiente. Esta incómoda incertidumbre se debe sobre todo a dos razones. Primero, es probable que cada especie (incluida la nuestra) no sea el resultado de un cambio en un factor aislado, sino de muchos factores cuya red y cuyas interacciones confunden las fronteras entre causas y consecuencias. Así que pretender identificar un solo elemento clave es bastante ingenuo, y probablemente vale solo para vender noticias superficiales de entretenimiento barato en periódicos y redes sociales. Segundo, muchos cambios evolutivos son una cuestión de grado, es decir, consisten en algo «más» y algo «menos», con lo cual, a pesar de ser novedosos, se basan al fin y al cabo en adaptaciones compartidas con otros grupos. Otros cambios, sin embargo, son realmente nuevos inventos, pero precisamente por su unicidad son difíciles de comparar con algo parecido, en una ciencia donde la comparación es la clave de lectura de la diversidad. Además, la separación entre cambios de grado (cuantitativos) y cambios sustanciales (cualitativos) no está muy definida, porque a veces los cambios de grado pueden alcanzar umbrales que activan nuevas funciones, y esto no hace sino enturbiar más aún el panorama. A nivel cerebral y cognitivo, en los humanos se observan decenas de diferencias en comparación con los otros primates (en las células, las conexiones, los neurotransmisores, los comportamientos, etc.), pero en todos los casos siempre queda la duda de en qué medida estos rasgos «humanos» son realmente únicos, o si no son más que variaciones de algo compartido con las demás especies.

Desde luego, al buscar «lo que nos hace humanos» siempre esperamos algo positivo, algo bueno, algo que nos haga sentir orgullosos. El ego, con su soberbia y sus sesgos narcisistas, no solamente atañe a las personas, sino también a las especies, y nuestro ego filogenético necesita una bonita historia que nos justifique, y que nos haga sentir especiales, importantes. Desde luego, los rasgos únicos de una especie (en la jerga evolutiva se llaman «rasgos autapomórficos») no tienen por qué ser solo hermosos o distinguidos. Por ejemplo, entre los comportamientos que tenemos solo los humanos están el llanto y el suicidio, lo cual a bote pronto no es precisamente lo que estábamos buscando para fardar de nuestra singularidad.

No cabe duda de que las caras sombrías de nuestra especie las encontramos descritas, con todo lujo de detalles, en casi todas las culturas y sociedades humanas que han pisado este planeta. A pesar de las diferencias, estas caras están exploradas —con increíbles paralelismos— en muchas tradiciones religiosas y filosóficas, entre las cuales destacan el budismo y el estoicismo, o las muchas variaciones del pesimismo ontológico, desde el miedo a ser hasta la angustia existencial, claves de nuestras raíces profundas argumentadas por filósofos como Arthur Schopenhauer, Emil Cioran, Friedrich Nietzsche, Søren Kierkegaard, Martin Heidegger, Jean-Paul Sartre, Karl Jaspers y muchos más. En diferentes aspectos, destacan la infelicidad y el sufrimiento como condición intrínseca del ser humano, que, precisamente a raíz de sus increíbles habilidades mentales, es incapaz de controlar tanta información y se deja arrastrar a un infierno de rumiaciones incompatible con el bienestar mental. Nuestro cerebro proyecta y valora, juzga y comenta, opina y pregunta, desea y rechaza, continuamente, las veinticuatro horas, siete días a la semana, trescientos sesenta y cinco días al año, sin parar, sin callar, olvidándose de vivir la vida real y dedicándose a vivir una vida ficticia hecha de temores, preocupaciones, rencores, y muchísimas expectativas. De ahí lo que los budistas llaman *dukkha*, el sufrimiento, la insatisfacción perpetua de una mente inquieta y nunca desagraviada, continuamente desgarrada entre el apego y el deseo por un lado, y el rechazo y la evitación por el otro. Una situación incesante que, en el mejor de los casos, crea un estado de estrés crónico que moldea nuestro cerebro y nuestro metabolismo, hasta el punto de generar una condición permanente de inflamación psicológica. A veces esta condición pasa un umbral clínico y requiere una intervención seria y contundente, y a veces se tolera, lo cual no quiere decir que siente bien. Como decía Confucio, todos tenemos dos vidas, y la segunda empieza cuando nos damos cuenta de que ¡tenemos solo una! Así que, tanto en los casos graves como en los casos más cotidianos, esta condición de sufrimiento constitutivo no nos facilita la existencia, y requiere un trabajo por nuestra parte dedicado a limitar sus efectos nefastos.

En todo ello, el afán por «lograr», por «hacer», por «obtener» es un estímulo clave. Siempre queremos algo, mejorar la situación, ya sea alcanzando lo que es placentero o evitando lo que es desagradable. El ego no se conforma nunca: siempre quiere que la situación sea diferente a la que es, utilizando el pasado y el futuro como comparación con el presente. Al comparar lo que es con lo que ha sido o con lo que podría ser, siempre hay un algo más, siempre hay un algo mejor, o un algo que falta, o que no es como debería ser: una diferencia insalvable, pequeña o grande, pero insalvable, porque se vuelve a generar con cada logro, con cada cambio. A veces la distancia entre lo que es y lo que se desea es sutil, pero aun así taladra nuestro panorama mental como una gota china, imparable y despiadada. Otras veces el abismo entre realidad y expectativas es más explícito, pero en realidad la desazón se sustenta en el mismo espejismo: el anhelo de coherencia y de justicia puede ser una infinita fuente de sufrimiento, porque nunca se puede llegar a satisfacer, dado que la naturaleza no es ni coherente ni justa. Sobre todo si consideramos que, además, la única coherencia y justicia que tomamos como medida del mundo es, mira tú por dónde, precisamente la nuestra. Siempre hay algo mejor que el presente, sobre todo si consideramos todas las opciones que la mente humana es capaz de imaginar, ansiosa y compulsiva, creativa e implacable, cínica y romántica, tan lógica y a la vez tan desastrosamente insensata. Y claro, más allá de los pensamientos y de las emociones asociadas a esta constante y compulsiva producción de alternativas, hay neurotransmisores y conexiones nerviosas, y una larga serie de factores biológicos que, durante toda una vida, reflejan el sustrato orgánico de nuestra insatisfacción, e influyen tanto en los aspectos mentales como en los hormonales e inmunológicos.

Hablando de neurotransmisores, un ejemplo interesante es el de la dopamina, una molécula que usan las neuronas para comunicarse y activarse, y que está tradicionalmente asociada al placer. En realidad, con el tiempo se ha ido descubriendo que los chutes de dopamina de nuestro cerebro no se asocian tanto al placer en sí, o sea al logro sensorial de cierto objetivo, como a su anticipación. Es decir, es probable que Adán y Eva, al morder la manzana prohibida, se dieran cuenta de que al fin y al cabo la desdichada manzana sabía solo a manzana, a una manzana cualquiera. No era para tanto. Y el pico de dopamina, placentero y pecaminoso, no estaba asociado al sabor de la manzana, sino al momento anterior al mordisco. El bocado, con toda probabilidad, no les supo a mucho, pero sació una inquietud. O sea, pensamos que si logramos algo, este logro nos dará placer, al pasar de una situación neutra a una placentera, cuando sin embargo lo que ocurre es que el logro nos hace pasar de una situación inquieta (el deseo, el anhelo) a una neutra (me he quitado el gusanillo). En muchos casos el logro no genera felicidad o satisfacción, sino que se limita a rebajar un desasosiego. Por supuesto, el afán por la felicidad vuelve pronto a arrancar, con otra inquietud, otro anhelo, otra previsión, otra proyección, que empujan hacia otro logro, en una búsqueda insana que no puede ser nunca satisfecha, una verdadera trampa infinita, bien representada por el mito de Sísifo, condenado para siempre a empujar cuesta arriba una piedra que luego acaba rodando una vez más al fondo del valle. Entonces hay que preguntarse: ¿a qué se debe esta inquietud? ¿Por qué necesito hacer algo que me quite la inquietud? ¿Qué es lo que genera esta expectativa? Pues la respuesta es fácil: porque así te ha programado la selección natural, estás diseñado para anhelar, para esmerarte en obtener, para no estar nunca satisfecho y buscar más y mejor, porque así vas a conseguir más energía, ya sea en forma de comida, de recursos, o de afiliación social. ¿Y por qué quieres más energía? Pues porque la reproducción es la tarea que más la necesita, que más gasolina gasta, tanto para la producción de una nueva vida, como para, luego, mantenerla hasta su independencia. Gestar una criatura es increíblemente demandante a nivel energético, y cuidar de ella lo es aún más. La Real Academia Española define *energía*, de forma general, como «la capacidad que tiene un cuerpo o un sistema para realizar un trabajo». En el caso de la selección natural, este trabajo es reproducirse. Así de simple: si logras acaparar más energía, podrás tener más hijos.

Entre los que ven la ansiedad existencial como una condición ontológica humana, hay que mencionar a Peter Wessel Zapffe, filósofo y montañista noruego, que señaló explícitamente a la evolución como culpable de esta pena eterna. Nuestra consciencia sería un subproducto imprevisto de la selección natural, una singularidad inesperada que nos revela la falta de sentido del ser, que nos destina a la insatisfacción perpetua. Con este salto evolutivo, según Zapffe, se genera una paradoja: el ser humano intenta olvidar a toda costa... ¡que es humano! Lo intenta con el aislamiento de su propia consciencia, el anclaje a valores locales y sobre todo sociales, la distracción para engañar la atención, y finalmente con la sublimación, es decir, con un espíritu creativo que intenta desarrollar un nivel conceptual y estético más universal. Como evolucionista y ecologista, Zapffe localiza en la reproducción precisamente una de las causas más directas de la tragedia humana, entrando en las filas históricas de los antinatalistas convencidos.

Sea como fuere, con miles de matices y con propuestas y conclusiones a veces distintas, la condición de desdicha existencial del ser humano es algo que ha encontrado un consenso en casi todas las culturas de nuestra historia. En etología humana, cuando un comportamiento se encuentra en todas las poblaciones del planeta, se supone que no depende de la cultura, y que por ende está relacionado con nuestra historia evolutiva. Este comportamiento entonces podría ser un «universal», es decir, un rasgo implícito de nuestra especie, porque está programado por la selección natural. En su excelente y genial libro *Por qué el budismo es verdad* (Gaia, 2018), Robert Wright, un autor muy polémico y crítico que en sus ensayos ha tocado unos cuantos nervios descubiertos de nuestras sociedades humanas, explica por qué el sufrimiento ontológico del ser humano tiene una base evolutiva. Explica cómo el budismo logró entender el problema (el sufrimiento) y proponer alternativas para limitarlo (una visión distinta de la vida, hábitos y entornos más equilibrados, y el entrenamiento cognitivo de la meditación), pero sin poder saber qué lo había generado. Si el Buda hubiese conocido a Charles Darwin, ¡la iluminación habría sido completa! La causa del sufrimiento, del *dukkha*, de la insatisfacción perenne es, de hecho, la selección natural. Es decir, al contrario de Zapffe, Wright no cree que esta condición haya sido una casualidad, sino una consecuencia concreta e ineludible de los principios evolutivos. Wright llega a comparar provocativamente la selección natural con los ordenadores de la película *Matrix*, que crían humanos en tubos de ensayo para sacar provecho energético de sus cuerpos, proyectándoles en el cerebro un mundo que no existe, un mundo hecho de imágenes y palabras, con sus reglas y sus automatismos, mundos ficticios y ajenos a la realidad. Así funciona la selección natural, forjando humanos con sus prioridades, sus razonamientos, sus emociones y sus pensamientos, que en realidad no son suyos, sino productos de pulsiones y necesidades moldeadas para cumplir con los intereses de la evolución: procesar energía y reproducirse. Solo y siempre reproducirse. A costa del bienestar individual, si es necesario. A costa de la felicidad. A costa de una buena calidad de vida. Así pues, lo que nos hace humanos es, entre otras cosas, que somos monos muy inteligentes, y tristes. Habrá que investigar entonces qué quiere decir *humano*, qué quiere decir *inteligente*, y sobre todo buscar el anillo débil de una supuesta cadena que enlaza nuestro potencial mental con el bienestar psicológico. Según muchas tradiciones filosóficas y unas cuantas teorías cognitivas, este anillo débil podría ser una de nuestras habilidades más preciadas, aunque tal vez la más delicada y difícil de entrenar: la atención.

2

Atención y evolución humana

La historia natural del género humano

La antropología se puede definir de muchas formas, pero en mi opinión la más sencilla y completa es probablemente «la historia natural del género humano». En primer lugar es una historia, concepto que incluye una secuencia (o sea, el tiempo) y los cambios y sucesos que ha habido a lo largo de este período. Como toda historia, requiere un principio y, aunque esto se suela obviar, exigirá un final. Como toda historia, además, tiene que entretener, porque de otra forma no habría nadie que la quisiera escuchar, y nadie que la quisiera contar. Dice un proverbio africano que el ser humano, para sobrevivir, necesita comida, un refugio, e historias. Así que, si la sociedad paga estas historias (no olvidemos que la investigación es una de las tantas facetas ocultas del mercado), probablemente va a exigir que sean bonitas y amenas. Cuando el ser humano relata la historia del ser humano, la objetividad tiene que ser entendida como una utopía: útil para indicar una dirección fructuosa, pero inalcanzable.

El segundo elemento de esta definición es que esta historia no es una historia cualquiera, sino que es una historia natural. La palabra *natural* siempre es una tautología, porque todo, al fin y al cabo, es natural, o sea producto de la evolución y de los procesos orgánicos de este planeta. Pero el adjetivo quiere subrayar que, en este caso, no es una historia que va de reyes, caballeros y damiselas, sino de plantas y de animales, de moléculas y de genes, de ecología y de adaptaciones. Entonces la secuencia de esta historia es una secuencia de especies, y el cambio es un cambio en su estructura profunda, una estructura asociada a las funciones de su anatomía, de su fisiología y de su comportamiento. Es una historia con muchos orígenes, y muchas extinciones. Es decir, la evolución puede ser una epopeya grandiosa y emocionante, pero nunca tiene un final feliz, por lo menos según los cánones narrativos de la industria del entretenimiento.

El tercer elemento es el género humano. En este caso, «género» es un rango de la taxonomía, la disciplina que se ocupa de poner orden y etiquetas a las especies actuales y extintas. La unidad más famosa de los esquemas taxonómicos es la especie, que se supone que es la unidad funcional de la evolución. En realidad, más allá de la teoría, es una unidad convencional, como todas las otras. Por un lado, definir el mismo concepto de especie es meterse en un berenjenal, que hasta ahora ha dado resultados útiles pero muy arbitrarios. De hecho, todavía no hay un acuerdo sobre qué es una especie, probablemente porque se otorga demasiado peso a esta categoría, y porque a menudo se sigue pensando que es algo real, un ladrillo efectivo de la estructura evolutiva, cuando las muchas disquisiciones y peleas infinitas sobre su definición demuestran, sencillamente, que no lo es.[1] Unas cuantas definiciones tradicionales apelan al hecho de que los miembros de una especie son interfértiles, o sea, que se pueden cruzar y reproducirse entre ellos. Pero tampoco hay que ser muy tajante, porque muchas especies distintas pero que son afines (y en los primates los ejemplos son muchos) se cruzan de hecho en situaciones naturales y producen descendencia fértil, a pesar de representar modelos biológicos bastante diferentes, resultados distintos de distintas historias evolutivas, y que por ello se merecen un nombre diferente. Al mismo tiempo, hay que decir que la selección en realidad casi nunca actúa sobre una especie entera, sino sobre una o algunas de sus poblaciones, que son las que comparten no solamente genes parecidos, sino que además comparten los mismos desafíos ambientales. Con lo cual, la importancia de la especie como elemento integral del proceso de cambio es todavía más incierta. Digamos que una especie representa un modelo biológico suficientemente homogéneo, cuya homogeneidad es el resultado de una capacidad de apareamiento y reproducción entre todos sus individuos, capacidad que de hecho se trasforma en un flujo continuo de genes entre ellos. Pues bien, especies evolutivamente cercanas son variaciones sobre un esquema algo más general pero bien definido, y aquí es donde entra el nivel taxonómico superior de «género». El nivel de género incluye las especies que son más afines entre sí por proximidad evolutiva y modelo biológico, y la importancia de esta categoría se marca a fuego en el nombre mismo de la especie (la famosa nomenclatura binomial de Carlos Linneo), que lleva el género y un término añadido para identificar la especie en concreto. Así nosotros, *Homo sapiens*, somos una especie (*Homo sapiens*)[2] del género *Homo*. A pesar de que la palabra *humano* se emplea en contextos muy diferentes, y que muchas veces se usa incorrectamente para referirse solo a los humanos modernos, en realidad es un término que abarca todo el género *Homo*, que por ello muchas veces se define como «el género humano».

Así pues, nuestra historia, por supuesto natural, atañe al género *Homo*, lo cual nos enlaza directamente con la paleontología, es decir, la disciplina que se ocupa de investigar las especies extintas.[3] Es una historia que tiene orígenes inciertos y borrosos, aunque probablemente empieza en África, hace alrededor de unos dos millones de años, cuando una especie (o una población) de algún género más antiguo (probablemente el género *Australopithecus*) experimentó un cambio drástico en muchos aspectos, como especializarse radicalmente en la postura bípeda, desarrollar un cerebro bastante más grande, o empezar a vincular su ecología con la producción y uso de herramientas. A lo largo de estos dos millones de años, el linaje humano ha producido especies distintas, que se han alternado y han coexistido con dinámicas que no conocemos muy bien. Además, si ya es difícil aclarar qué es una especie cuando se habla de animales vivos, no digamos las dificultades que surgen cuando solo se puede trabajar con fósiles, es decir, cuando la información se limita al esqueleto, a pocos fragmentos, y a pocos individuos. Tenemos también que recordar que la paleontología humana es la disciplina estrella en el mercado de las historias acerca de nuestro pasado, por lo que a las incertidumbres y confusiones sobre el concepto de especie hay que añadir un negocio donde nombrar especies implica atraer medios de comunicación, puestos de trabajo y financiaciones, lo cual enturbia todavía más el panorama taxonómico con que al final tenemos que trabajar.[4] Las propuestas sobre la variabilidad del género humano son, de hecho, de lo más dispares, con unos autores que proponen dos o tres especies a lo largo de estos dos millones de años, y otros que estiran la previsión hasta doce y pico. No es posible saberlo, de modo que hay que apelar a la cautela, a la humildad, y a la sabiduría responsable para evitar afirmaciones tajantes. Digamos que por lo menos podemos pensar en cuatro o cinco especies bastante conocidas, aunque con fronteras borrosas y una anatomía que genera más preguntas que respuestas (Figura 1). De todas formas,

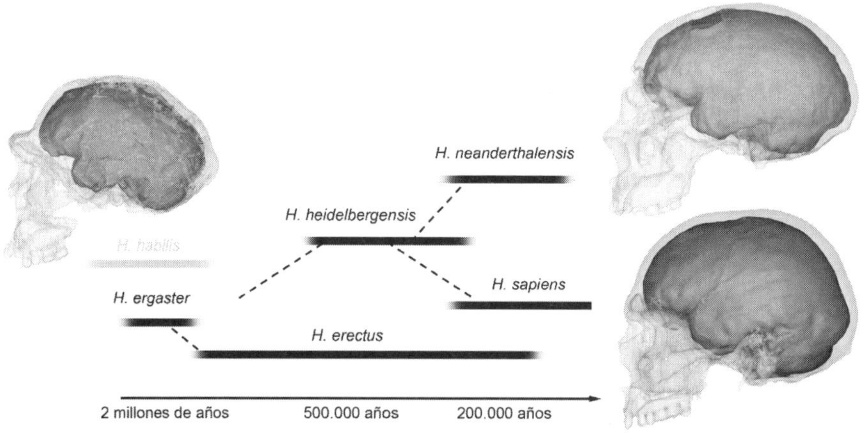

Figura 1. Filogenia del género humano. El género Homo tiene alrededor de dos millones de años, y por lo menos cuatro o cinco especies reconocidas. La especie *H. habilis*, propuesta como la primera especie humana hace unos cincuenta años, no ha resultado ser una especie muy fiable, porque probablemente sus fósiles proceden de especies distintas y no necesariamente de nuestro género.

en este preciso momento la nuestra es la única viviente, mientras que todas las otras están, curiosamente, difuntas.

Por lo que atañe a nuestra especie, *H. sapiens*, también suponemos que su origen es africano, y se remonta a hace unos 200.000 o 300.000 años. No tiene que haber sido un origen muy lineal, porque por entonces había probablemente muchas poblaciones distintas y aisladas que se mezclaban continuamente. Pero, sea como fuere, en un momento dado encontramos fósiles que delatan la probable pertenencia a nuestro linaje, sobre todo por los rasgos de la cara. Estos primeros humanos modernos, curiosamente, tenían una anatomía del cerebro y del cráneo neural no muy distinta a la de los neandertales, y su tecnología[5] era también particularmente similar. Pero se da el caso de que, luego, en los últimos 100.000 años, vemos en nuestra especie un cambio tanto cultural (un aumento de complejidad tecnológica increíble, que va desde el sílex hasta un *pen drive*) como macroscópico a nivel cerebral. En particular, la corteza parietal del cerebro se hace más grande y compleja, y hay también quien apuesta por un aumento del tamaño de las regiones temporales y del cerebelo. Todo ello contribuye a dar una forma redondeada a nuestra cabeza, que, además de este gran tamaño, presenta esta «globularización» más que vistosa. Ahora bien, no hay acuerdo sobre el patrón de aumento de la complejidad tecnológica en los humanos modernos, y si hay quien sugiere un esquema más gradual, otros parecen detectar cambios más puntuales y repentinos. Y además tenemos una cantidad muy escasa de fósiles de este período, lo cual tampoco permite analizar esta globularización con mucho detalle estadístico. Pero, pese a toda esa incertidumbre, existe una evidencia muy general: es solamente en los últimos cincuenta o cien mil años cuando observamos un aumento de complejidad destacable en la anatomía cerebral y en el comportamiento de nuestra especie.

Es difícil saber si detrás de esta transformación hay genes y moléculas específicas, elementos clave, o cambios más extensos y difíciles de entender porque implican muchos factores distintos. Y también es difícil saber si se trata de selección natural pura y dura, o si hay de por medio una nueva fuerza aparecida en el tablero evolutivo: la selección cultural, es decir, una criba que no solamente tiene una base social, sino que además transmite rápidamente sus cambios de generación en generación, sin tener que esperar la lenta respuesta de los genes y de la biología. Es difícil porque las dos selecciones usan elementos comunes y se influyen una a otra, mezclando sus efectos. La biología moldea la cultura, pero también la cultura moldea la biología, canalizando tendencias y necesidades. Así que es mejor no sacar la varita mágica apuntando a genes milagrosos o adaptaciones ocultas, y limitarse a reconocer este aumento de complejidad, valorando los diferentes elementos que, más allá de causas y consecuencias, pueden haber estado involucrados.

Inteligencia y atención

El concepto de inteligencia siempre ha generado una respuesta de amor y odio en nuestra sociedad. Por un lado, la veneramos como aquella fuerza todopoderosa que nos hace humanos, pero al mismo tiempo desconfiamos de su raciocinio y frialdad, llegando incluso a tachar de «poco humanos» a los que son demasiado lógicos y racionales. Es decir, fardamos de inteligencia como rasgo distintivo de nuestra especie, pero luego tomamos cierta distancia de su rigor y de sus consecuencias. También exaltamos su expresión en la formación escolar y en las carreras profesionales, pero luego tenemos cierto miedo a la hora de lidiar con las diferencias personales que esta habilidad general puede acarrear. Y, a pesar de tantos esfuerzos y tanto tiempo dedicado a sus pesquisas, tampoco hemos alcanzado un acuerdo sobre su definición, sus mecanismos, o incluso sobre su existencia como un verdadero factor mental. En psicometría, los factores cognitivos se intentan cuantificar con tests y pruebas, que cuantifican con una puntuación la capacidad de resolver un problema muy concreto. Estas puntuaciones en tareas determinadas se agrupan luego mediante métodos estadísticos, para localizar habilidades más generales (numérica, verbal, mnemónica, espacial, etc.), y ver cómo están asociadas u organizadas. En este contexto, hay quien piensa que la inteligencia es un factor psicológico puro y duro, el factor más general de todas las habilidades mentales, y el que potencia todas las destrezas mentales. Más sutilmente, la inteligencia también podría ser la habilidad de coordinar todas las otras habilidades. Podemos pensar, de hecho, que de poco valdría tener buenas habilidades analíticas, verbales y espaciales, si luego no se sabe cómo integrarlas. Otra posibilidad es que lo que llamamos inteligencia sea, sin embargo, una sola de aquellas habilidades específicas (la velocidad mental, la memoria de trabajo, la atención, etc.): una muy importante o que destaca por encima de las otras, y que se emplea en la mayoría de las tareas mentales. Finalmente, hay quien dice que no existe *una* inteligencia, y que cada persona puede ser inteligente de forma distinta. E incluso se puede dar la vuelta a la tortilla: hay quien propone que la inteligencia no es un factor preciso, sino solo la consecuencia de tener todas las habilidades muy desarrolladas.

En psicología se suele también distinguir la *inteligencia fluida* de la *inteligencia cristalizada*. La primera es una habilidad idiosincrática: la capacidad de ver y entender relaciones, y puede que en gran parte venga de fábrica. La segunda, sin embargo, es adquirida: con el aprendizaje, con la cultura. La inteligencia fluida aumenta hasta los veinte o treinta años y luego cae en picado, ineluctablemente, víctima de la biología del envejecimiento de un cerebro que empieza a perder neuronas, conexiones y vasos sanguíneos. La inteligencia cristalizada, por su parte, aumenta hasta los cuarenta o cincuenta, y luego se estanca. La caída biológica no se puede parar, pero se puede retrasar o acelerar manteniendo respectivamente buenos o malos hábitos (nutrición, ejercicio, relaciones sociales, etc.) que protejan o deterioren las estructuras anatómicas y su fisiología. El estancamiento cultural, sin embargo, depende por completo del individuo, que decide si tira ya la toalla o si continúa recorriendo la senda del conocimiento. En ambos casos, la vida marca muchas pautas que no se pueden alterar, pero la voluntad personal sigue teniendo un peso desde luego fundamental a la hora de hacer el cálculo final de nuestros recursos mentales, de sus éxitos y de sus declives.

Todo lo dicho hasta ahora sobre inteligencia se enmarca dentro de la perspectiva de la psicología diferencial y de la psicometría, disciplinas que miden lo que miden (o lo que creen medir) con pruebas y tests que cuantifican la habilidad de cada persona para resolver problemas. Así que, en realidad, estamos implícitamente afirmando que la inteligencia es, al fin y al cabo, la capacidad de resolver problemas. El método (medir la capacidad de resolución de un problema) determina, *a priori*, la definición de lo que se está buscando. Es decir, en lugar de establecer una definición para orientar el método, es el método lo que determina la definición, lo cual puede, disimuladamente, introducir sesgos y cierta circularidad: llegar a pensar que la inteligencia es la capacidad de resolver problemas sencillamente porque el método con que la mido solo es capaz de considerar este aspecto. Por un lado, esta definición suscita debates peliagudos entre filosofía y cibernética, porque nuestras computadoras, como entidades solucionadoras de problemas (ya sean mnemónicos, matemáticos, espaciales o lingüísticos), nos superan con creces. Aun así, algo nos chirría cuando etiquetamos un algoritmo de «inteligente». Sentimos que «falta algo». Al mismo tiempo, limitar la inteligencia a resolver acertijos o puzles deja fuera del cálculo muchos elementos que, sin embargo, parecen tener algo que ver con nuestras habilidades intelectivas más finas. Por ejemplo, mi abuelo repetía continuamente que «vive bien el hombre inteligente», lo cual quiere decir, por una sencilla propiedad conmutativa, que inteligente es, al fin y al cabo, quien vive bien. Y he ahí la cuestión: ¿quien sabe resolver problemas vive bien? ¿Tiene una vida feliz y satisfactoria? ¿Es buena persona? ¿Es también una persona sabia? ¿Y qué relación existe entre la inteligencia y otras cualidades humanas como la creatividad, que a menudo parece chocar patentemente con una vida sensata y coherente? En fin, medimos lo que podemos medir, pero no hay que olvidar que hay muchas cosas que por el momento no hemos logrado incluir (ni de lejos) en nuestras engorrosas ecuaciones.

Pero sea lo que sea esta inteligencia, lo cierto es que la información, antes de llegar a sus redes de procesamiento, tiene que pasar necesariamente por un cuello de botella que, al final, marca y limita el raudal del proceso mental: la atención (Figura 2). En líneas generales, podemos definir la atención como la capacidad de sostener un determinado proceso cognitivo a pesar de estímulos distractores o competidores, tanto externos (estímulos ambientales, como sonidos o colores) como internos (estímulos mentales, como pensamientos o emociones). Esto implica un factor de fuerza (saber eludir estímulos enérgicos) y un factor de duración (saber sostener el proceso en el tiempo). Y aunque la verdad es que hay mil definiciones de la atención, y no siempre compatibles, sabemos que es algo importante.[6] Ya desde los albores de la psicología en el siglo XIX, el mismísimo William James (uno de los fundadores de la disciplina, e increíble pionero con una asombrosa capacidad de visión) decía que, al fin y al cabo, todos sabemos qué es la atención, y destacaba la importancia de esta habilidad cognitiva (y de su entrenamiento y educación) como clave del proceso mental. Mihály Csíkszentmihályi, el padre de la teoría del flujo, que veremos más adelante, la reconoce como la «energía psíquica» que mantiene activo el proceso cognitivo. Sin embargo, a pesar del esfuerzo dedicado a estudiar esta habilidad en todos sus posibles aspectos, hoy no hemos llegado a un consenso sobre su significado. La dificultad de manejar las definiciones se debe, en primer lugar, a la complejidad del proceso que estamos intentando investigar, una complejidad que desde luego dificulta la tarea. Además, las diferencias entre las definiciones se deben también a los objetivos de quien forja la

Figura 2. Inteligencia y atención. A pesar de no tener todavía certezas sobre qué es la inteligencia, hay que reconocer que el flujo de información tiene que pasar, de todas formas, por el sistema atencional. Si la capacidad atencional es escasa, el flujo de información será discontinuo y limitado.

definición, que pueden ser muy distintos. Como se suele decir, cuando solo tienes un martillo, todo problema comienza a parecerse a un clavo, y a menudo los especialistas de una u otra disciplina llevamos tantos años enfocando nuestros conceptos y nuestros métodos en un problema concreto que ya tenemos la cabeza canalizada en una cuadrícula preestablecida, diferente a las cuadrículas de los especialistas que trabajan en un campo distinto. Finalmente, a estos dos factores hay que añadir también que sufrimos cierta rigidez a la hora de manejar los nombres y las etiquetas que usamos para comunicar (en este caso, la palabra *atención*), lo cual genera continuamente conflictos y desacuerdos porque otorgamos a las palabras un valor tajante y absoluto. Los nombres que usamos designan conceptos, modelos, y no hay que tomárselos de forma demasiado rígida. Autores como Jiddu Krishnamurti han advertido frecuentemente de los riesgos del lenguaje: ponemos etiquetas y nombres para representar la realidad, y luego estos nombres se vuelven más importantes que la realidad que pretendían representar, lo cual genera discusiones y confusiones que poco tienen que ver ya con los procesos que queremos indagar o comunicar.

Por lo que atañe la complejidad de la atención, evidentemente no es solo una complejidad funcional, sino también estructural, anatómica, fisiológica. Es una habilidad muy general, que implica diferentes redes cerebrales y distintos centros neuronales, y se han descrito muchos modelos teóricos, más sencillos o más complejos, para intentar explicar cómo funciona. Desmenuzando cada vez más sus componentes, se ha llegado incluso a proponer la eliminación del concepto, cancelar de cuajo la palabra, porque es demasiado escurridiza como habilidad, y porque sus funciones son demasiado extensas. En ciencias cognitivas, la mayoría de los procesos que se investigan están formados por muchos elementos distintos, por muchos subprocesos distintos, que están en parte relacionados pero que en parte son independientes, y que al mezclarse generan un número enorme de combinaciones y posibilidades. Evidentemente, usar un mismo nombre para todas estas posibilidades conlleva limitaciones e imprecisiones, pero no utilizar ninguno elimina la posibilidad de comunicarse. Lo mejor es manejar nombres y conceptos sabiendo que son modelos convencionales y artilugios terminológicos para poder servirnos del lenguaje como herramienta para compartir y para pensar, y no pretender que estos nombres describan una realidad verdadera, cierta, completa y delimitada. La ciencia no descubre, sino que interpreta, y estas interpretaciones no deben presumir de ser verdaderas sino, sencillamente, útiles.

Con estas premisas (y precauciones), el modelo quizá más conocido para la atención es el propuesto en los últimos veinte años por Michael Posner, que se basa en tres sistemas distintos (Figura 3). El primero es un sistema de alerta general, o sea, un sistema que establece una cierta activación del cerebro, una predisposición a responder. Sería como encender las antenas. Un segundo sistema se ocupa de orientar el foco atencional y filtrar la información. Se trataría de decidir hacia dónde miran las antenas, y a qué frecuencia responden. Un tercer sistema es el sistema ejecutivo, es decir, el sistema que valora las alternativas y toma una decisión. Hay

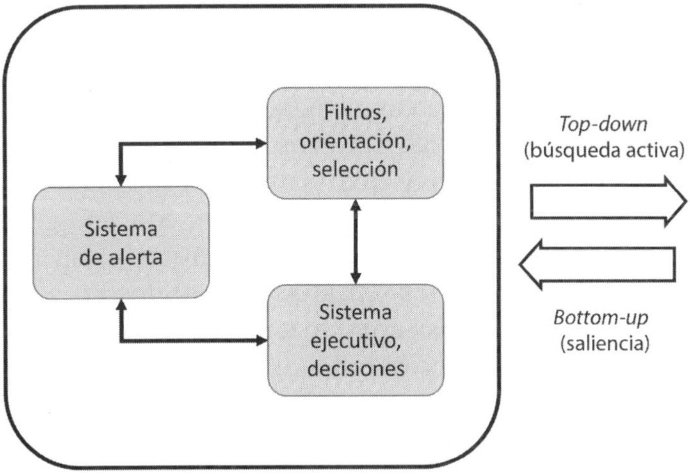

Figura 3. El sistema atencional. Un modelo tradicional reconoce por lo menos tres redes distintas: un sistema de alerta, uno de orientación, y uno ejecutivo. Estos tres sistemas se pueden activar a la hora de detectar un estímulo llamativo (*bottom-up*) o para escanear el ambiente con una idea prestablecida (*top-down*), enfocando un estímulo concreto (atención focalizada) o abriendo el foco atencional a más estímulos a la vez (atención abierta).

bastante consenso en este modelo de tres elementos, tanto en lo que se refiere al nivel neuroanatómico (a cada uno de estos sistemas se corresponden unas redes neuronales específicas) como al funcional (se pueden observar los tres sistemas actuando en tareas distintas), aunque, como siempre, hay quien dice que es demasiado sencillo para explicar la complejidad de la red atencional. Los lóbulos frontales y parietales del cerebro están particularmente implicados en los tres circuitos, con una red frontoparietal que recuerda muchísimo al conjunto de redes que, en otras ocasiones, se ha asociado al concepto de inteligencia general. Lo cual da a entender que atención e inteligencia tienen por lo menos algo en común: comparten cableado.

Además, más allá de las redes cerebrales involucradas se suelen distinguir diferentes tipologías de atención: categorías que resultan útiles para entender, para comunicar, y también para experimentar con nuestra propia mente. Por ejemplo, se habla de *atención focalizada* cuando todas las antenas están centradas en un mismo estímulo. Es la habilidad de mantener la atención enganchada a una sola fuente de información, algo que a menudo se llama también «concentración». A la inversa, una *atención abierta* es una atención que no está canalizada, y que recibe todas las señales sensoriales que alcanzan nuestros sentidos, sin cribar o priorizar. Como en todo, no hay que pensar solo por extremos: las dos atenciones se entremezclan y se integran, con una gradación continua, que va desde emplear un solo sentido hacia una sola señal hasta emplear todos los sentidos hacia todos los estímulos. Los grados intermedios y las combinaciones son infinitas. Se trata, de todas formas, de dos habilidades distintas, y las tenemos desarrolladas por defecto a un nivel muy básico, suficiente para el día a día y poco más. Si queremos potenciar estas dos atenciones, y sobre todo la capacidad de pasar de una a otra de forma intencional, hay que entrenarlas.

Otra distinción muy útil consiste en separar la atención asociada a un evento externo imprevisto (*bottom-up*, o sea, desde los sentidos hacia el cerebro), y la atención asociada a la búsqueda voluntaria de una señal (*top-down*, es decir desde el cerebro hacia los sentidos). En el primer caso, algo nos llama la atención, sin predeterminación. En general, suele ser algo que destaca en el entorno, como un sonido muy fuerte o un color muy chillón. Algo que resalta del panorama perceptual, y captura nuestra atención. Con la palabra *saliencia* se define la importancia de un estímulo, en función, por ejemplo, de cuánto sobresale de los estímulos que compiten para cazar nuestra atención. La característica base es la diferencia entre esta señal y el promedio de señales que estamos recibiendo, una discontinuidad entre un elemento y su entorno, ya sea una discontinuidad visual (una forma inusual), acústica (un sonido raro o molesto) o mental (un pensamiento invasivo). En el segundo caso, sin embargo, somos nosotros quienes estamos buscando de forma activa un cierto tipo de estímulo, como cuando buscamos las llaves y entonces nuestros ojos escanean priorizando todo lo que tenga forma o color de llave. Somos nosotros quienes, de manera intencionada, sesgamos los sentidos para localizar una señal en función de cierta predicción, de cierta prioridad, de cierto anhelo. De nuevo, los procesos *bottom-up* y *top-down* son dos extremos, entre los cuales hay infinitos grados intermedios; son dos modos atencionales que se funden y se influyen entre sí. De hecho, no solamente se mezclan y se integran, sino que se informan el uno al otro, afinando el proceso atencional global. Pero, a pesar de su interacción, viene bien separarlos, porque los mecanismos implicados son distintos, y están asociados a objetivos y necesidades diferentes.

Ahora bien, considerando que en este proceso están de por medio los sentidos, cuando hablamos de atención hay que tener en cuenta además tres aspectos fundamentales. Primero, dado que la atención atañe sobre todo a los sentidos, es algo íntimamente relacionado con el cuerpo. La atención se suele usar para gestionar los recursos sensoriales, y el cuerpo es la interfaz activa que percibe, descodifica y coordina entradas y salidas de este flujo de información. A este respecto, es curioso que, en la filosofía budista, los sentidos no son cinco sino seis, porque se incluye como «sentido» también la misma mente, que sería un órgano sensorial dedicado a percibir estímulos cognitivos: si los ojos son sensibles a la luz y los oídos a los sonidos, la mente recibe y transmite los pensamientos. Es una interpretación que, aunque desentona bastante con la neurociencia occidental (e incluso con el sentido común), puede estimular reflexiones importantes. Pero para lo que nos interesa, basta con recordar que la atención atañe a los sentidos, al cuerpo y —por ende— al momento presente, o sea, a lo que está sucediendo en cada instante. Segundo, los sentidos funcionan cuando hay discontinuidad. La discontinuidad es la clave de la percepción. Para que algo se pueda detectar, tiene que haber discontinuidad, en el espacio o en el tiempo. Podemos incluso decir que lo que detectan nuestros sentidos no es la realidad, sino sus discontinuidades. Nuestra atención navega en un mar de discontinuidades sensoriales, pudiendo localizar y transmitir solo lo que presenta una diferencia de su entorno, a nivel espacial o cronológico. Podemos entrenar la atención para buscar mejor estas discontinuidades, filtrando con más criterio o aumentando la resolución de nuestros radares, pero si no hay contraste, no hay percepción; si no hay comparación, no hay dato. Tercero, los sentidos no revelan la realidad tal como es, sino que generan un modelo de esta realidad, modelos basados en criterios biológicos y evolutivos. Por ejemplo, a mi parte romántica le duele recordar, teniendo que hablar de estos temas, que los girasoles no son amarillos y el cielo no es azul: ambas cosas no tienen color, es nuestro cerebro el que las colorea pincelándolas con códigos cromáticos asociados a una longitud de onda. Si llega una onda con longitud de 580 nanómetros, la superficie detectada se pinta de amarillo; si es de 400, entonces se pinta de azul. Son modelos, criterios, reglas establecidas por nuestra biología (sobre todo por nuestra fisiología) por alguna razón evolutiva que supuestamente tiene su utilidad.

Con todos estos mecanismos y principios mencionados arriba, la atención decide en qué medida y por cuánto tiempo se puede sostener un proceso cognitivo, ya sea un proceso matemático, lingüístico, espacial, mnemónico o perceptivo. Si a cada musaraña que pasa, por el suelo o por la cabeza, uno suspende y vuelve a arrancar el proceso que estaba llevando a cabo, el proceso mental se hace cuesta arriba, y los resultados pueden ser poco reconfortantes. De ahí que la atención sea un «factor limitante», concepto utilizado en biología para referirse a aquel componente que, si escasea, limita todo el conjunto, independientemente del resto de los componentes. Por ejemplo, en microbiología, el factor limitante de un cultivo podría ser un nutriente que, si no alcanza un cierto umbral, bloquea el crecimiento de las células, a pesar de que las demás condiciones sean favorables. Asimismo, en ecología, un factor limitante podría ser un factor climático, o la presencia de una especie que, si falta, bloquea toda una cadena de desarrollo del ecosistema. Del mismo modo, en ciencias cognitivas, yo aplico el concepto de factor limitante a la atención porque creo que puede ser una habilidad general cuya ausencia acaba limitando todo el proceso, toda la cadena mental, con independencia de las habilidades específicas que uno tenga. Es decir, de poco sirve tener una gran capacidad numérica, verbal, analítica o social, si esta no se puede sostener por un cierto tiempo, durante la ejecución de un problema, o en una dosis que permita alcanzar un umbral de eficiencia.

Dicho sea de paso, esta habilidad atencional que determina el raudal del flujo mental tiene un valor máximo para cada persona, lo cual desacredita bastante el concepto de *multitasking*, o sea, de hacer más de una cosa a la vez. En primer lugar, la atención dispone de una cierta capacidad, y si se diversifica en tareas distintas al mismo tiempo, el caudal se fragmenta en riachuelos más pequeños. Muchas veces esta reducción se puede tolerar fácilmente, pero otras veces no, y genera una pérdida de eficiencia en la tarea. En segundo lugar, la atención no funciona «en paralelo», o sea multiplicándose en frentes simultáneos, sino «en serie», es decir, pasando de una tarea a otra. Cuando uno hace tres cosas a la vez no está dividiendo la atención entre las tres de forma proporcional, sino que está pasando rápidamente de una cosa a la siguiente, aunque parezca que todo ocurre al mismo tiempo. Son cambios rápidos, pero en cada cambio hace falta desenganchar la atención de la tarea anterior, engancharla a la siguiente, y volver a arrancarla. Todo este proceso, que se repite continuamente para llevar a cabo las tres tareas, sencillamente satura los recursos mentales. Agota en el sentido psicológico, pero también en el sentido metabólico, porque cada arranque requiere recursos energéticos, fisiológicos y anatómicos, que al final se acaban, se cansan o se queman. El resultado será alguna de las muchas formas de estrés, por agotamiento, por fatiga del sistema atencional, que luego pasa factura al cuerpo, a su sistema nervioso, a su sistema inmunológico, y a su sistema hormonal.

En todo ello, la atención tiene un sustrato biológico, probablemente genético, algo relacionado con hormonas y desarrollo, con el cableado del cerebro, y con el temperamento que nos viene por defecto (de nuestros padres, de factores ambientales, o del azar). Pero a la vez, esta atención tiene también un margen de mejora, que depende de nosotros y de la asombrosa plasticidad del cerebro humano. Dentro de nuestros propios límites, siempre tendremos un margen de progreso. Es lo mismo que ocurre con los músculos: puedes tener una constitución más robusta o más endeble, pero en ambos casos una adecuada gimnasia potenciará tu estructura. Y aquí viene lo increíble, lo inexplicable: a pesar de que llevamos dos siglos reconociendo el valor crucial de la atención en el proceso mental, a nuestra sociedad no se le ha ocurrido incluir un entrenamiento atencional en el sistema de formación escolar. Se ha dado por hecho que las habilidades numérica, lingüística o mnemónica hay que fomentarlas, entrenarlas, pero que, sin embargo, la atención se puede desarrollar sola, por sí misma. Evidentemente, no es así. Este fallo absurdo —como muchas de las carencias que padece nuestra sociedad— se puede explicar solo por una ceguera patológica del sistema educativo (lo cual viene a ser, básicamente, incapacidad), o con un objetivo oculto (lo cual viene a ser, básicamente, corrupción). Esta segunda opción hoy en día se está haciendo cada vez más popular, porque encaja con los principios de nuestro mercado global, un sistema económico que se ceba precisamente de la falta de atención, de la incapacidad de mantener la atención activa y que, por ende, fomenta la atrofia de la capacidad atencional. Mantener a raya la capacidad atencional genera personas más manipulables, algo que interesa tanto al mercado como a la política. Esta dinámica delincuente del mercado y de las instituciones que lo apoyan se basa en un sistema retroactivo, donde la merma de la capacidad atencional aumenta el número de personas manipulables (clientes y votantes), lo cual promociona a su vez el éxito del negocio asociado a la cultura de la desatención. En su imprescindible libro *El valor de la atención* (Península, 2023), Johann Hari identifica por lo menos una docena de factores que hoy en día corroen seriamente nuestro sistema atencional, factores con raíces profundas en el sistema económico, que incluyen la tecnología, la educación, la alimentación o la contaminación ambiental. Siendo un ataque tan masivo y exponencial, Hari considera que la única respuesta efectiva sería una respuesta global, social e institucional. Personalmente, estoy totalmente de acuerdo, pero con una apreciación: las respuestas sociales pueden necesitar décadas para hacerse efectivas, y nosotros, los que estamos metidos en este berenjenal ahora mismo, no podemos esperar tanto tiempo. Así que, mientras nos comprometemos con una respuesta social, no habría que descuidar el entrenamiento personal, el adiestramiento individual. Es decir, fortalecer estos músculos de la atención con una gimnasia adecuada y efectiva. Así como el cuidado del cuerpo no solo contempla el ejercicio (el entrenamiento), sino también el mantenimiento de otros hábitos saludables (alimentación, sueño, etc.), el cuidado del sistema mental precisa exactamente el mismo tipo de combinación: por un lado, reforzar las habilidades cognitivas, y al mismo tiempo generar un entorno que las proteja, o que por lo menos no las agreda demasiado. Es llamativo, y tal vez preocupante, que hoy se estén empezando a diseñar dispositivos tecnológicos para potenciar la atención, los cuales detectan tu estado de alerta (a través de las ondas cerebrales, del movimiento ocular, del movimiento del cuerpo, etc.) mediante sensores colocados en la cara o en la cabeza para llamarte, literalmente, la atención, con sonidos o vibraciones, todas las veces que la pierdes. En algunos casos se presentan como herramientas de *neurofeedback*: al observar tu estado atencional digitalmente, lo puedes entrenar oportunamente poco a poco. En otros casos se supone que te asisten para mantener activa la atención cuando la pierdes. Finalmente, hay aparatos que sencillamente te chutan un estímulo cerebral (*neuroestimulación*) para despertarte, igual que un fármaco o una buena dosis de café. Lo llamativo es que las empresas tecnológicas piensen que ha llegado el momento de meterse en este negocio. Lo preocupante es que estos dispositivos asumen que tú no eres capaz por ti mismo de remediar tu falta de atención, y te venden un sustituto de la voluntad. En el caso de los chutes eléctricos, la tecnofarmacología se asegura de que tú no tengas que hacer nada por tu parte: ella lo hará por ti, ahorrándote la responsabilidad de implicarte personalmente en la mejoría de tus habilidades mentales. Además, el sustento tecnológico te exime de mejorar tu calidad de vida, es decir, que gracias a la aportación digital puedes mantener y tolerar los excesos y los defectos de tu entorno, los mismos excesos y defectos que te han conducido a esa insuficiencia atencional y al estrés. Y así, manteniéndote atento por medios artificiales, puedes seguir produciendo, que es lo que al fin y al cabo se te pide como ciudadano, como usuario, y como cliente.

La atención es nuestro gran recurso mental, pero también nuestro talón de Aquiles. Tenemos una capacidad atencional destacable, pero también muy frágil y sensible a factores externos e internos que pueden dañarla seriamente, y alterar negativamente nuestro bienestar y nuestra calidad de vida. ¿Cómo hemos llegado a esta situación? Respuesta: por selección natural.

Cerebro, tecnología y sociedad

Sea lo que sea la atención, podemos suponer que, a lo largo de la evolución humana, tiene que haber sufrido cambios importantes, tanto en cuanto habilidad en general como en sus componentes específicos. Aunque no podemos hacer pruebas psicométricas a un homínido extinto, podemos considerar por lo menos tres tipos de evidencias: el cerebro, la tecnología, y la sociedad.

La disciplina que estudia la anatomía cerebral en las especies extintas se llama paleoneurología,[7] y se basa sobre todo en el estudio morfológico de la cavidad interna del cráneo. Durante el crecimiento y el desarrollo de un individuo, el cerebro moldea esta cavidad (el espacio endocraneal) tanto en sus dimensiones como en algunos detalles anatómicos de la superficie cerebral que dejan sus huellas en la pared interna de la bóveda (como los surcos corticales y algunos vasos sanguíneos). En los fósiles se suele hacer un molde positivo de esta cavidad (llamado molde endocraneal), que se interpreta como modelo del cerebro desaparecido. Evidentemente, un molde endocraneal no es un cerebro, y la información que puede proporcionar es poca: el tamaño general del cerebro, algunas proporciones de sus regiones principales, algunos surcos y giros de la corteza, la relación espacial entre cerebro y cráneo, y las arterias y venas de las meninges (los tejidos conectivos que protegen el cerebro y lo anclan al cráneo). Poca información pero fundamental, porque es la única de que disponemos para investigar la neuroanatomía en las especies fósiles. Y se da el caso de que, como hemos mencionado anteriormente, los lóbulos parietales de nuestra especie, *H. sapiens*, parecen particularmente grandes y complejos en comparación con las especies humanas extintas. Desde luego, son más grandes y complejos que los de cualquier primate actual, con lo cual, aunque el dato paleontológico (los fósiles) sea difícil de determinar, está de acuerdo con el dato neontológico (las especies actuales). Sobre los lóbulos frontales, la paleoneurobiología no ha logrado proporcionar grandes respuestas. A pesar de su importancia en nuestra cognición, los lóbulos frontales en nuestra especie tienen un tamaño estándar para un simio con nuestras dimensiones cerebrales. Sí, es verdad que ciertas áreas anteriores (corteza prefrontal y orbital) tal vez estén más especializadas en los humanos que en los otros primates, y está claro que tenemos también conexiones aparentemente más grandes y complejas entre la corteza frontal y el resto del cerebro. Pero ninguno de estos rasgos se puede analizar en los fósiles del género *Homo*, que presentan formas, dimensiones e incluso asimetrías frontales generalmente iguales a las nuestras. El mito de que los fósiles evidenciaban una evolución frontal en nuestra especie obedece más bien a una expectativa, fomentada por un copipega poco profesional de quien ha difundido esta noticia a lo largo del último medio siglo. Al principio se pensaba que los humanos modernos teníamos más masa frontal por tener la frente más redonda, pero resulta que esta característica se debe a cambios de la cara, que se reduce y se posiciona por debajo del cerebro, en lugar de mantener su posición más anterior, como en los otros primates o los homínidos más arcaicos. La frente redonda no está relacionada, pues, con cambios del cerebro, sino con la relación espacial entre cerebro y cara. En resumen, podemos decir que *H. sapiens* tiene por lo menos regiones frontales más especializadas y conectadas que los demás primates actuales, y las regiones parietales por lo menos más grandes que los primates actuales y los humanos extintos. Es decir, el sistema frontoparietal, tan crucial para las redes atencionales, ha aumentado su complejidad, por lo menos en los últimos 100.000 años.

La segunda evidencia viene de la tecnología. Las primeras industrias líticas, la industria olduvayense (piedras talladas tan solo para generar un filo) y la achelense (piedras talladas en todo su perfil, con ciertas propiedades ergonómicas y estéticas, y posiblemente usadas también para generar lascas más pequeñas), sugieren un cambio cognitivo importante en las primeras especies humanas, pero mantienen cierta estabilidad a lo largo de más de un millón y medio de años. La industria musteriense, asociada a los neandertales y a las primeras poblaciones de nuestro linaje, ya es mucho más ingeniosa, más pequeña, y presenta muchos más detalles. Aun así, a pesar de pertenecer a culturas ya muy complejas (su gente cazaba animales enormes y podía vivir en tierras climáticamente muy hostiles), puede que fuese una tecnología basada en una memoria a largo plazo, una memoria operativa, la memoria del experto, del artesano que llega al resultado por pruebas y errores, y poco a poco se construye su competencia profesional. Esta es por lo menos la hipótesis de Tom Wynn y Fred Coolidge, un arqueólogo y un psiquiatra que, analizando los detalles de la producción lítica, hace unos años propusieron que solo la tecnología de los humanos modernos requiere implementar un tipo diferente y más complejo de memoria: la *memoria de trabajo* (Figura 4). Según el modelo propuesto por el psicólogo Alan Baddeley en el último medio siglo, la memoria de trabajo se basa en un sis-

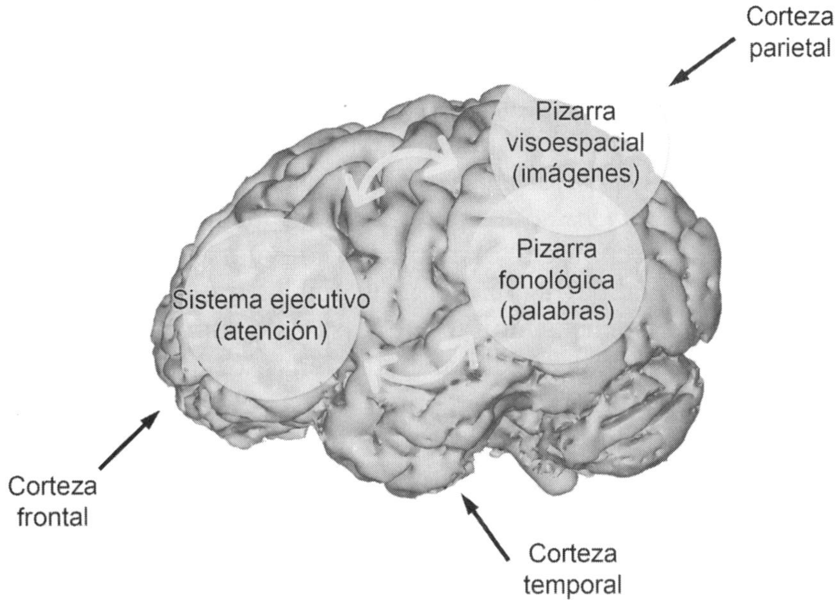

Figura 4. Memoria de trabajo. La memoria de trabajo activa sobre todo regiones frontales y parietales del cerebro. Un sistema ejecutivo frontal asociado a la red atencional gestiona la información que se archiva temporalmente en un almacén fonológico y un borrador visoespacial.

tema ejecutivo central (principalmente asociado a la corteza frontal) que coordina un borrador visoespacial y un almacén fonológico (principalmente asociados a la corteza parietal). De nuevo, el sistema frontoparietal. Las dos pizarras parietales almacenan temporalmente imágenes y palabras (y también números), para poder manejarlos mentalmente. Entonces, un aumento de la capacidad de estas pizarras permite manejar más elementos a la vez. Pero luego quien corta el bacalao es el sistema ejecutivo, que coordina la orquesta y orienta todo hacia un resultado. ¿Y quién es este sistema ejecutivo? Pues ahí va: es uno de los muchos nombres de la atención. Es él el que, a la luz de la información almacenada temporalmente en las pizarras, ejecuta; o sea, toma las decisiones. La memoria de trabajo se parece a la RAM de los ordenadores:

cuanto más potente, más información puede manejar a la vez. En los últimos años, Baddeley ha elaborado un poco más su modelo, enmarcando todo esto en una historia más amplia, la *memoria episódica*, es decir, la historia de tu vida, tus recuerdos. En fin, en el marco de este escenario conceptual (en parte avalado por datos experimentales en psicología), Wynn y Coolidge proponen que solo en *Homo sapiens* se ha potenciado la memoria de trabajo, como delata su tecnología, que no puede diseñarse o usarse sin un sistema atencional particularmente especializado.

La tercera evidencia indirecta que sugiere un aumento de la atención en nuestra especie atañe al sistema social. A finales del siglo pasado, el antropólogo Robin Dunbar descubrió que el tamaño cerebral de los primates es proporcional al tamaño del grupo: cuanto más cerebro, más grande el grupo. Posiblemente sea porque un tamaño cerebral mayor implica una mayor complejidad cognitiva, y por ende la capacidad de gestionar más amigos. En los primates, la cantidad de amigos se determina acicalando a los vecinos: cuanto más tiempo se pasa uno quitando pulgas a los demás, más amigos tiene. El contacto físico del acicalamiento genera endorfinas, los opioides cerebrales, moléculas que dan placer y regocijo. Este «tacto social» crea entonces vínculos, relaciones, afiliaciones. El tamaño del grupo calculado a partir del tamaño cerebral se llama «número de Dunbar», y vale para todos los primates, incluidos los humanos. Según el cálculo, por el tamaño cerebral que hemos alcanzado, nuestro grupo debería tener alrededor de ciento cincuenta individuos, un número que empíricamente se ha validado en cazadores recolectores, campesinos, empleados de multinacionales y redes sociales. Contactamos con muchas más personas, pero nuestro núcleo funcional siempre oscila, decena arriba, decena abajo, alrededor de ciento cincuenta individuos. Dunbar también calculó que, despulgando a los vecinos, en un día no se pueden gestionar más de cincuenta compañeros, así que el ser humano, para alcanzar el potencial de ciento cincuenta que le concede su gran cerebro, ha inventado una forma más rápida de hacer amigos: el lenguaje. Más rápido y eficiente (¡y sobre todo más higiénico!) que el acicalamiento.

Y he aquí un primer punto interesante: los neandertales tenían nuestro mismo tamaño cerebral, pero, por lo que suponemos, grupos sociales bastante más pequeños. Puede que el número de Dunbar haya fallado en este caso, pero en realidad hay matices. El número de Dunbar no se refiere a todo el cerebro, sino sobre todo a las famosas «áreas de asociación», es decir, a aquellas regiones del cerebro que integran, que cruzan informaciones, que elaboran. Y los lóbulos parietales son, mira tú por dónde, las áreas de asociación por antonomasia. Aunque estas inferencias no pueden ser totalmente confirmadas, hay diferentes indicios que nos hacen pensar que los lóbulos occipitales de los neandertales fueran más grandes. Los lóbulos occipitales se encuentran en la parte posterior del cerebro y se encargan de descodificar la visión, son regiones sensoriales, y no tienen un gran papel en la integración general. Es decir, no son áreas de asociación. Que el cerebro de los neandertales fuera del mismo tamaño que el nuestro pero con los lóbulos occipitales más grandes quiere decir que otras áreas tenían que ser más reducidas: posiblemente, como sugiere también la paleoneurología, los lóbulos parietales. Así que, aunque con cautela, salen las cuentas. Tenemos a dos especies con diferentes proporciones cerebrales: *Homo sapiens* con más corteza parietal (y grupos más grandes) y *Homo neanderthalensis* con más corteza occipital (y grupos más pequeños). En el siguiente capítulo nos preguntaremos cómo pensaba una mente con lóbulos occipitales más grandes.

Sea como fuere, más adelante los humanos modernos empezaron a unir los ciento cincuenta miembros de su grupo con otros grupos, y la cosa se fue haciendo más difícil de manejar. Entre los ciento cincuenta individuos del mismo grupo se establecen relaciones bastante naturales, pero cuando los grupos se unen, necesitamos reglas nuevas para gestionar a tanta multitud. Nuestro cerebro no da para más de ciento cincuenta, así que si somos más, hay que añadir nuevos elementos. Y este elemento es la «inhibición». La inhibición, en la mayoría de los animales, se asocia a estados de ánimo y emociones, por ejemplo al miedo. En un grupo, muchos individuos no se atreven a llevar a cabo cierto tipo de comportamiento por miedo a las represalias, generalmente físicas. Igualmente, muchos entrenadores usan un sencillo paradigma de premio-castigo para adiestrar a toda clase de fieras para que realicen o no un tipo de acción determinado. Sin embargo, en los humanos, aunque también funcione la inhibición impuesta, existe una inhibición menos vinculada con la emoción, porque tiene una base racional, o incluso cultural y moral. Con el afán de buscar lo que nos hace humanos, siempre hemos apostado por el «saber hacer», mientras que muchos logros, tanto evolutivos como individuales, están más bien asociados al saber «no hacer». Generar grupos tan grandes no sería posible sin la inhibición, que incluye inhibirse de matar o atacar, violar o robar. El miedo y la ley pueden contener en parte estos impulsos, pero para alcanzar el nivel de complejidad social que tenemos los humanos modernos, necesitamos de todas formas un excelente nivel de inhibición de partida, que vaya más allá de la represión y que se base en el raciocinio y la voluntad. Y ¿qué sistema atiende la inhibición? Respuesta (esperada): el sistema atencional. Es precisamente el sistema atencional (sobre todo el cableado frontal) el que se encarga de evaluar las alternativas y descartar, a veces de forma consciente y a veces de forma oculta, las que no llevan por el buen camino. Es el sistema frontal el que, una vez informado oportunamente de las opciones, decide activar o bloquear una respuesta. Es decir, la inhibición es, una vez más, asunto del sistema ejecutivo. Para desarrollar grupos tan grandes, que sobrepasen y junten nuestros grupos naturales de ciento cincuenta personas, necesitamos desarrollar un sistema ejecutivo que mejore (¡y mucho!) nuestras capacidades inhibitorias. Dicho sea de paso, la misma inhibición es necesaria para almacenar comida sin zamparse toda la despensa, y así poder generar un nicho ecológico y económico mucho más complejo. Y la misma inhibición se necesita para quedarse quieto escuchando a alguien que te está enseñando sus conocimientos. Sin inhibición no hay enseñanza, no hay transmisión cultural, no hay tecnología. Así que vemos que todos estos elementos, en realidad, no van sueltos, sino que constituyen un bloque de procesos que han evolucionado todos juntos: la anatomía frontoparietal, la tecnología, la ecología y el sistema social se influyen unos a otros, y puede que a un cierto punto se haya alcanzado un umbral que ha cambiado las reglas del juego. Un factor necesario para que se produzcan todos estos cambios es el aumento de la complejidad o de la potencia del sistema atencional, con lo cual, ya sea causa o consecuencia de los mismos, podemos sospechar que la atención ha sufrido variaciones importantes en nuestra especie.

En realidad, es posible que este cambio global se haya podido propiciar, por lo menos en parte, con un truco: la autodomesticación. Los humanos modernos tienen, en muchos aspectos físicos y mentales, la apariencia de «cachorros» de simios. Cuando domesticamos a un animal, lo seleccionamos artificialmente para reducir su agresividad, pero como resultado secundario suele adquirir también rasgos infantiles, como la cabeza proporcionalmente más grande, el morro más corto, o la pérdida de pelo. Los estados juveniles son precisamente aquellos donde todavía no se ha desarrollado la agresividad de los adultos. Entonces, puede que los humanos nos hayamos autodomesticado, sin saberlo, mediante la selección de individuos menos agresivos para fomentar el poder del grupo. Individuos menos agresivos y más imberbes, que han mantenido muchos rasgos infantiles, incluso uno que es clave en la cognición: la plasticidad neural. Un cerebro que se mantiene moldeable, y muy curioso. Esta podría haber sido la clave (o una de las claves) para poder llegar a desarrollar un sistema frontoparietal complejo, una tecnología compleja, una sociedad compleja.

Aunque puede que los detalles sean difíciles de desvelar, la atención tiene que haber tenido un papel importante en todo esto. Quizá haya cambiado por grados, o tal vez a saltos más repentinos, e incluso discontinuos. A lo mejor solo ha aumentado globalmente su potencia, o a lo mejor ha sufrido cambios solo en algunos de sus circuitos. Dado que está organizada con base en distintos elementos biológicos, y relacionada con distintos elementos cognitivos, no hay por qué pensar que en diferentes especies, sencillamente, solo pueda aumentar o disminuir sin más. Es decir, con tantos factores en juego, tenemos que considerar la posibilidad de que las especies humanas extintas pudiesen haber desarrollado «otros tipos» de sistemas atencionales, fruto de diferentes combinaciones cerebrales y, por supuesto, de diferentes necesidades ecológicas y sociales.

La disciplina que intenta encajar las evidencias arqueológicas con los modelos cognitivos de la psicología se llama arqueología cognitiva y, aunque se puede aplicar a cualquier población del pasado (incluso las históricas), es más conocida por su aportación en Prehistoria y evolución humana.[8] Por lo que atañe a nuestra especie, podemos pensar que, de todas las funciones y redes atencionales que hemos mencionado, las que pueden haber estado más involucradas son la atención focalizada (la capacidad de centrarse en una sola cosa), la atención selectiva (*top-down*) y el sistema ejecutivo (decisión e inhibición). Desde luego, la complejidad social y tecnológica de *Homo sapiens* necesita una atención que tenga por lo menos tres cualidades: que sea sostenida, intencional, y consciente. *Sostenida* quiere decir que se puede mantener por más tiempo. *Intencional* quiere decir que hay una voluntad asociada a su activación. *Consciente* quiere decir que puedo saber que estoy atento, o por el contrario, que he perdido la atención. Como siempre, estas tres cualidades no hay que tomárselas al pie de letra: tienen fronteras inciertas, y se influyen entre sí. Pero nos vienen bien para reconocer que la diferencia entre nuestra especie y las demás se puede haber dado en planos distintos. Puede que en *Homo sapiens* estas tres características hayan sido el resultado de un aumento de capacidades ya presentes en otros primates o en los homínidos extintos. Es decir, que nuestra especie haya potenciado un sistema cognitivo que también tienen los otros grupos. O puede que los avances hayan sido el resultado de nuevos inventos evolutivos, elementos anatómicos o fisiológicos que tenemos solo nosotros. Pero, en cualquier caso, queda patente que el cambio, sea de cantidad o de calidad, ha sido abismal. Lo cual no quiere decir que no conlleve sus riesgos. Quien vuela alto puede caer muy lejos.

Ahora bien, hasta ahora hemos hablado de procesos cognitivos y de cerebros, pero sin aclarar cuál es la relación entre estos dos elementos. A menudo se da por sentado que el proceso cognitivo es lo que ocurre dentro del cerebro, y esto simplifica las cosas a la hora de interpretar lo que ocurre en una mente. Pero esta simplificación, generalmente aceptada tanto en el contexto científico como en el divulgativo, podría ser excesiva, o incluso errónea. De hecho, parece que por mucho que se hurgue en la estructura profunda de las neuronas, no aumentan las certezas sobre cómo funciona una mente. Así que posiblemente en lugar de ir cerrando la mirada hacia sistemas cada vez más pequeños, podemos intentar invertir la estrategia, y ampliar la búsqueda a un contexto más global y más amplio.

— 3 —

Cuerpo y mente

UNA MENTE EXTENDIDA

Tradicionalmente interpretamos la «mente» (o sea, el proceso cognitivo) como un producto del cerebro. El cerebro sería, pues, una máquina que funciona por sí sola, y produce pensamientos y emociones. Y la mente sería, en este caso, casi un exudado del cerebro, un caldo que se cuece en el horno de la cabeza, resultado de un mecanismo que ocurre en una caja de 1.300 centímetros cúbicos. Todo lo que hacemos sería, entonces, una consecuencia de lo que pasa en nuestro cerebro; incluso la tecnología sería, pues, un producto más de nuestra habilidad cognitiva. No obstante, también reconocemos que el cerebro sufre muchísimas influencias del ambiente externo, a todos los niveles: orgánicos y psicológicos. En este caso, el esquema cambia ligeramente: el cerebro produce pensamientos y cultura, y estos pensamientos y esta cultura influyen de forma retroactiva en el cerebro. Se crea así un círculo de causas y efectos. Pero, también en este segundo modelo, el proceso cognitivo sigue siendo un producto cerebral.

Sin embargo, a finales del siglo pasado se empezó a considerar un nuevo paradigma que, aunque no era muy innovador (de hecho, encuentra sus raíces en la filosofía de muchas culturas indígenas tradicionales), no se había considerado seriamente en el marco de la ciencia. Este nuevo paradigma, etiquetado a veces con el nombre de «teoría de la mente extendida» o de la «extensión cognitiva», propone que el proceso cognitivo es el resultado de la interacción entre cerebro, cuerpo y ambiente. Estos tres elementos interactúan y generan un flujo de información, y a este flujo lo llamamos «mente». Entonces, primero, la mente no es un *producto*, sino un *proceso*. Segundo, el cerebro tiene un papel crucial, pero es solo *uno* de los elementos involucrados. El cerebro podría ser, digamos, el microprocesador del sistema, pero además necesitamos una interfaz activa (el cuerpo) y un entorno que sirva de espacio funcional para añadir elementos periféricos (el ambiente). En el caso de los humanos, «ambiente» no es solo el ambiente ecológico tradicional, sino también la cultura y, por supuesto, la tecnología.

Tal vez podríamos establecer cierto paralelismo con la evolución de nuestros ordenadores. Los primeros, no muy potentes, estaban en una caja y lo hacían (casi) todo solos. Pero luego la cosa se fue complicando, hasta que ahora en la caja no hay casi nada, y las funciones de la máquina dependen de extensiones añadidas (por ejemplo, los discos duros), aparatos lejanos (los servidores de las multinacionales), y un sistema de comunicación que empapa todo el espacio posible (internet). El ordenador sigue teniendo su microprocesador, su sistema operativo y su pantalla, pero por sí mismo, sencillamente, no funciona.

Pensar que nuestro cuerpo o que la tecnología son elementos activos de nuestra mente puede hacernos sentir incómodos, indefinidos, incluso frágiles, pero solo es porque hemos fomentado, sobre todo en nuestra sociedad, una cultura «cerebrocéntrica», otorgando al cerebro una centralidad dogmática y casi divina. Sin embargo, una visión de la mente como proceso más extenso de lo que puede pasar en nuestra cavidad craneal debería ser algo casi obvio. Un ejemplo análogo es la respiración. Aunque los pulmones son los órganos de la respiración, a nadie que quiera estudiar la respiración se le ocurriría limitarse a estudiar los pulmones. En realidad, los pulmones se ocupan solo de la ventilación, porque la respiración verdadera ocurre en todo el cuerpo, a nivel celular. El que respira es el cuerpo, no los pulmones. Así que estudiar la respiración quiere decir investigar lo que pasa más allá de los pulmones, en las células y los tejidos que son la base de nuestro metabolismo. Y, evidentemente, no se puede estudiar la respiración sin considerar el ambiente y el aire, que representan el contexto bioquímico que sustenta el proceso. Así que si uno quiere investigar la respiración (que es un proceso), desde luego tiene que estudiar los pulmones, pero entendiendo que estos son solo un elemento, aunque crucial, de una red enormemente más compleja. Del mismo modo, si uno quiere estudiar la mente (un proceso) tiene que interesarse por el cerebro, el cuerpo, y el entorno (que, en el caso de nuestra especie, incluye las herramientas).

Esta perspectiva puede cambiar de manera radical la forma de interpretar la evolución del sistema cognitivo en el género humano, pero, como ya hemos mencionado, también podría revolucionar la forma de interpretar el comportamiento en poblaciones recientes, usando este paradigma para intentar una lectura más compleja del proceso mental en diferentes culturas o épocas históricas. Si la mente es el resultado de la interacción entre cerebro, cuerpo y ambiente, cuando cambia algo en uno de estos tres elementos, cambia el proceso cognitivo. En general, solemos interpretar el comportamiento de otras poblaciones humanas solo considerando sus recursos tecnológicos, y puede que esto sea un error. Es probable que un cazador yanomami, un pastor nómada o un carretero medieval tuvieran una estructura cognitiva «diferente» de la nuestra porque, a pesar de compartir una genética parecida a nivel de desarrollo neural, el destino de la relación cerebro-cuerpo-ambiente ha sido totalmente diferente. Otras habilidades, otra mente. A una escala aún más reducida, esto se puede aplicar por supuesto también a las diferencias individuales.

Entre los años sesenta y noventa del siglo pasado hubo dos primeros intentos de desarrollar estas teorías sobre cognición extendida en nuestra cultura occidental. Por un lado, unos cuantos investigadores en ciencias cognitivas (neurobiólogos, psiquiatras y psicólogos) establecieron un puente con el budismo, que representa la tradición filosófica más robusta y más profunda hacia este tipo de perspectiva. Francisco Varela, neurobiólogo chileno profesionalmente afincado en Estados Unidos y Francia, fue una figura clave en este sentido. Varela afirmaba que la ciencia necesita la filosofía, pero no la filosofía excesivamente teórica de la tradición europea, sino una filosofía que, como la ciencia misma, se fundara en el empirismo, en el experimento. La filosofía budista proporciona este marco, porque afina sus conceptos mediante pruebas y errores a través de prácticas meditativas que, al fin y al cabo, son experimentos que uno hace consigo mismo, usando su mente (que incluye su cuerpo) como laboratorio. Una década después, otra perspectiva concebía la mente como integración entre cerebro, cuerpo y ambiente, pero desde un punto de vista muy pero que muy distinto: la filosofía ciberpunk y el transhumanismo, que defienden la necesidad de integrar cuerpo y herramientas para alcanzar una condición que vaya más allá de los límites de nuestros tejidos. Esta corriente fue la que promocionó el término *mente extendida*, sobre todo a través del trabajo del filósofo inglés Andy Clark. Mientras que los budistas están motivados por la conexión sensorial y procesual entre individuo y ambiente, los ciberpunks tiran más bien hacia la conexión entre cuerpo y tecnología.

Todo ello se quedó como algo bastante teórico a lo largo de un par de décadas, hasta que empezaron a florecer evidencias experimentales, tanto en psicología como en neurobiología. Por ejemplo, hoy en día sabemos que cuando nuestro cuerpo agarra una herramienta, ocurren dos fenómenos. Uno, que todo el cuerpo se reequilibra a nivel perceptivo y muscular para incorporar la herramienta en su esquema de pesos y tensiones. Para ilustrar esto suelo utilizar la imagen del pesado martillo de Thor, que el superhéroe lleva por ahí sin alterar su postura o su andar, porque todo el cuerpo, desde el brazo que lo sujeta hasta el meñique del pie opuesto, se han ajustado para incorporar el nuevo elemento físico en el «sistema cuerpo», que ahora lleva un elemento añadido. Incluyendo el nuevo componente, el cuerpo ha cambiado a nivel geométrico, espacial y gravitacional, y todos sus sensores se actualizan, redistribuyendo de forma armónica las fuerzas que determinan su cohesión estructural. Sin embargo, muchas veces los otros primates no lo hacen tan bien y, después de haber agarrado

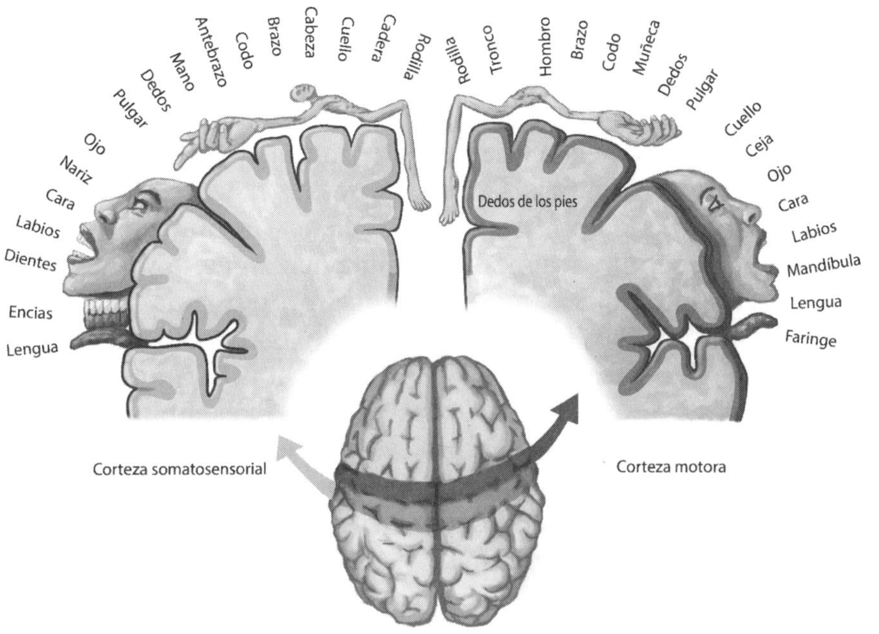

Figura 5. El homúnculo de Penfield. Nuestro cuerpo está mapeado en la corteza cerebral, que recibe señales sensoriales (corteza somatosensorial) y envía señales de respuesta (corteza motora). Estas dos regiones funcionan de forma integrada, influyéndose la una con la otra. © SPL / Album

algo, lo arrastran retorciendo su postura, dejando entender que el elemento no se ha integrado en su estructura somática. El segundo fenómeno que se da es que la herramienta se incorpora también en el mismísimo esquema corporal del cerebro. De hecho, en nuestro cerebro hay un mapa completo de nuestro cuerpo, un mapa conocido como el homúnculo (Figura 5), que recibe las informaciones somáticas y transmite las informaciones motoras a todo nuestro organismo. Este personajillo distribuido en nuestra corteza no tiene proporciones semejantes a las que tienen nuestros elementos corporales reales, sino a la sensibilidad que tenga cada uno de ellos: las partes anatómicas que son más sensibles son, en el mapa, proporcionalmente más grandes. Así que nuestro homúnculo tiene las manos enormes, y también una boca muy grande. Evidentemente, se trata de un logro adaptativo, el de una especie que ha otorgado tanta importancia a las manos que, por ende, ha hiperdesarrollado su mapa cerebral, más fino, más detallado, más sensible, más dinámico. En segundo plano se encuentra la boca, un elemento que necesita una buena especialización para discriminar y manejar la comida, y tal vez también para hablar. Cuando las manos no bastan, la boca es tan sensible que incluso puede servir para manipular una herramienta y, dicho sea de paso, el resultado de tanta sensibilidad proporciona también el placer infinito del beso. Pues bien: cuando agarramos una herramienta, esta se hace finalmente hueco en el homúnculo, que le da la bienvenida como nueva parte del cuerpo. Un ejemplo clásico es el bastón de los ciegos: ¡su cerebro casi lo interpreta como un brazo muy largo! Lo cual nos lleva a una pregunta incómoda: ¿es la herramienta la que se vuelve cuerpo, o es el cuerpo el que, al fin y al cabo, es una herramienta más? Hablamos de dinámicas de integración herramienta-cerebro que todavía son bastante desconocidas, y si con un bastón la cuestión ya no es nada trivial, ni que decir tiene la dificultad que supone investigar estos mecanismos cuando la extensión es más compleja, como con un bolígrafo, un coche, un brazo mecánico o un dron. De hecho, este campo interesa en particular a la cibernética y a la industria de las prótesis, en un mundo que, a pesar de ser «digital», sigue usando el cuerpo para contactar con teclados, móviles, pantallas y ratones. Y es que no por casualidad la misma palabra *digital* viene del latín *digitus*, que quiere decir 'dedo'. Todo este mecanismo (o más bien sus elementos clave) es parte de un proceso más general que se etiqueta a menudo como *embodiment* (en español a veces traducido —sin mucho éxito— como *corporización* o *cognición corporizada*), y que reconoce también el papel del cuerpo en procesos más profundos que implican pensamientos y emociones. Ampliando esta perspectiva, encontramos teorías que interpretan la cognición como *enactiva* (es decir, que depende de la acción y de la intención) y *situada* (es decir, que depende del contexto externo, ambiental y cultural). Hay muchos debates sobre el grado en que la acción y el entorno influyen o determinan el proceso cognitivo, pero en todos estos casos la unidad funcional es siempre el cuerpo, tanto en el presente (percepción) como en recuerdos pasados y previsiones futuras (proyecciones mentales). Es una interpretación que además se aplica tanto a la ejecución de un comportamiento como a su diseño (intención), tanto en el nivel consciente (simulación y experimentos mentales) como en el inconsciente o subconsciente.

Hasta hace poco, las habilidades que determinan el análisis, la memoria o el cálculo se han asociado a los procesos más complejos de la cognición, obviando una paradoja ya introducida por el experto en robótica Hans Moravec: a pesar de que no podemos competir con nuestras máquinas para este tipo de habilidades, todavía no hemos conseguido que los robots logren coordinar decentemente cuerpo y movimiento. Así que parece que la cognición corporizada requiere habilidades que son bastante más complicadas y crípticas de lo que hemos ido asumiendo a lo largo de tanto tiempo. Hablamos de habilidades espaciales y corporales que, hasta hace muy poco, no tenían cabida en los modelos sobre la mente y su desarrollo: habilidades *hápticas* (tacto y manipulación), *kinestésicas* (movimiento) y *psicomotoras* (cognición y movimiento). Estas tres categorías cognitivas incluyen factores biomecánicos (precisión, destreza, etc.), pero también factores más cognitivos, que desconocemos. Los tests psicométricos de los que disponemos hoy en día miden más bien los aspectos mecánicos, y no queda tan claro cómo medir los aspectos más mentales. Además, son habilidades con fronteras borrosas, tanto entre ellas como con las otras habilidades cognitivas, porque al fin y al cabo parece que la percepción del cuerpo influye en casi todos los procesos cognitivos. Desde luego, por el momento hay más interés que respuestas, lo cual sugiere que se trata de un campo pionero en expansión y que, posiblemente, puede proporcionar futuras sorpresas. Estas habilidades nos llevan a conceptos y procesos que asocian íntimamente cuerpo y movimiento, como la *propiocepción* (la percepción del cuerpo en el espacio), la *exterocepción* (la percepción de elementos externos al cuerpo, incluida la tecnología), y la *interocepción* (la percepción del estado fisiológico del cuerpo, incluidos los aspectos emocionales). Entre otras cosas, esta perspectiva añade un elemento más a la evolución tecnológica: antes de emplear habilidades cognitivas para *hacer* una herramienta y para poder *usarla*, necesitamos habilidades cognitivas para poder *sentirla*. Y esto no es poco, considerando que los arqueólogos que investigan la prehistoria desde siempre se han centrado solo en la capacidad de construir y usar tecnología, pero no se han hecho preguntas sobre cómo ha evolucionado la capacidad de integrar la tecnología, a nivel perceptivo y somático, en el sistema mental.

En resumen, tenemos una cadena de eventos fisiológicos que enganchan una herramienta al cuerpo, y acto seguido al cerebro, para crear literalmente un cíborg, con elemento orgánicos y elementos inorgánicos, donde el proceso cognitivo tiene elementos centrales (el cerebro) y periféricos o extrasomáticos (la tecnología), que se integran en una interfaz activa que además sirve de referencia en el espacio y en el tiempo (el cuerpo). Todo esto es más visual si la herramienta lo es en su sentido más literal (un martillo), pero vale igualmente si la herramienta es sensorial (las gafas), analítica (una calculadora) o conceptual (una palabra). La idea es la misma: el cerebro delega funciones perceptivas y cognitivas a elementos externos y, gracias a ellos, amplía sus funciones o incluso descubre funciones nuevas. Pensemos, por ejemplo, en lo que han representado, en este sentido, la escritura o la fotografía: un aumento exponencial de la memoria. Igual que los discos duros externos o los servidores almacenan memoria para nuestros ordenadores, nuestros textos y nuestras imágenes guardan una cantidad de información mucho mayor de lo que puede hacer nuestro cerebro. Este proceso de delegar funciones muchas veces se interpreta como un aumento de vagancia cerebral. Toda generación ha pronosticado el atontamiento de las generaciones siguientes, por culpa de alguna nueva tecnología que lo hace presuntamente todo más fácil, pero generalmente la predicción ha sido totalmente desacertada. El mismo Platón alertó sobre los peligros de la escritura, que según su visión ¡iba a mermar la capacidad mnemónica, debilitando la habilidad mental! Pero no, no funciona así la extensión cognitiva. Cuando el cerebro delega, sus elementos no se atrofian, sino que se reinvierten en otras tareas, se reespecializan en nuevas funciones, a menudo funciones de coordinación de la información externa. Se extiende la mente, se extienden sus capacidades.

Ni que decir tiene que esto es crucial cuando hablamos de la especie más tecnológica que haya existido nunca en este planeta, aquel género de primates que liberó las manos de sus vínculos locomotores para especializarse en extender su forma de pensar a través de las herramientas. Los humanos hemos sido «utilizadores ocasionales» de herramientas hasta hace más o menos un millón y medio de años, para volvernos después «utilizadores habituales». Finalmente, en los últimos 300.000 años, humanos modernos y neandertales se han vuelto «utilizadores obligatorios» de tecnología. El término *obligatorio* quiere decir que nuestro nicho ecológico, económico, social y cognitivo ya no puede existir sin tecnología. Nuestro flujo energético (ecología), nuestras relaciones (sociedad) y nuestra forma de pensar (cognición) ya no pueden ser los mismos sin nuestras extensiones tecnológicas. Nuestros procesos mentales no solo se apoyan en la tecnología, sino que dependen de ella.

Dado que esta extensión depende de procesos neuronales y fisiológicos, y dado que la inversión tecnológica puede influir en el éxito reproductivo, la selección natural se interesa por el fenómeno, y se implica en él. Es decir, la habilidad de extender el proceso cognitivo y de delegar funciones en elementos extrasomáticos se selecciona positivamente, y quien es más capaz de llevar a cabo esta integración cerebro-cuerpo-ambiente se reproduce más. Hace unos años llamé a este conjunto de destrezas integradoras «habilidad protésica», una habilidad que, selección mediante, entra en el juego de la evolución, como una verdadera adaptación funcional que aumenta el éxito del grupo. De hecho, cuando hablamos de cíborgs pensamos en matones del futuro con un rifle que les sale del brazo, pero en realidad el primer cíborg surgió hace ya alrededor de dos millones de años: un homínido que descubrió que, agarrando una piedra, esta extensión de sílex le permitía actuar, sentir, y pensar de forma diferente. Del sílex al silicio, el salto ha sido relativamente breve.

En realidad, para cerrar el círculo, necesitamos considerar un elemento más: los ojos. Los primates somos mirones y, como hemos mencionado, vivimos en un mundo que está hecho de formas y colores. Así pues, aunque todo el cuerpo es una interfaz activa para integrar cerebro y ambiente, hay que reconocer que ojos y manos juegan un papel crucial. El mundo nos entra sobre todo por los ojos, y nosotros interactuamos con este mundo ante todo con las manos. Es normal entonces que el sistema ojo-mano haya tenido un rol fundamental en todos estos cambios. Y son precisamente los lóbulos parietales los que coordinan esta relación, en particular el precúneo y el surco intraparietal. El primero está en la parte más dorsal y profunda de los lóbulos parietales, e integra cuerpo y visión. La información del cuerpo y la información de los ojos. El segundo está en la pared lateral de la corteza parietal, y separa los lobulillos parietales superiores (el precúneo) de los inferiores (implicados en el lenguaje, cálculos, y muchas otras funciones). Ambos elementos, el precúneo y el surco intraparietal, escondidos en la profundidad del cerebro, son mucho más grandes y complejos en los humanos que en los otros primates y, probablemente, son también más grandes y complejos en *Homo sapiens* que en otros homínidos extintos.

Curiosamente, si bien los neandertales tenían una cultura compleja (como la de los primeros humanos modernos), sus lóbulos parietales estaban menos expandidos y, mira tú por dónde, usaban continuamente la boca y los dientes como «tercera mano», mucho más que cualquier población actual de cazadores recolectores. Como consecuencia, sus dientes anteriores presentaban muchas líneas y marcas, que delatan los golpes que se daban en ellos con sus herramientas líticas. La boca sirve para comer (y para besar), así que emplearla de este modo no parece una buena estrategia; más bien parece un parche. Nos podemos preguntar, entonces, si este uso impropio de los dientes, asociado a unos lóbulos parietales algo más reducidos, no podría delatar una menor habilidad protésica. Es decir, hablando en plata, que tal vez los neandertales tuvieran un homúnculo con las manos menos grandes, y que su capacidad de enchufar su tecnología a su sistema somático y neural fuese menor.

El hecho de que, como cazadores, aparentemente no tuvieran armas de propulsión (arcos, flechas, azagayas, etc.) y, por lo que sabemos, tuvieran una cultura gráfica nula o relativamente pobre confirma por el momento que quizá sus habilidades visoespaciales no estaban tan especializadas como las nuestras.[1]

Si empezamos a dar importancia cognitiva a la tecnología, también podemos preguntarnos: ¿a qué llamamos «herramienta»? En nuestra especie, una herramienta tiene diferentes propiedades. Uno, nunca existe sola, sino como parte de un conjunto de herramientas, necesarias unas para generar las otras, que se emplean a la vez, y que están formadas por partes distintas. Dos, es parte integrante del nicho ecológico y cognitivo. Sin herramienta, el animal no puede ocupar el espacio evolutivo que ocupa, ni pensar como piensa. Y tres, se integra en el esquema del cuerpo y del cerebro, de manera que se vuelve parte del sistema. Si asignamos a la palabra *herramienta* estas tres propiedades, hay que reconocer que nosotros somos los únicos que las satisfacemos. O sea, los humanos somos los únicos que usan herramientas. Muchas veces se describe el empleo de objetos por parte de otros primates, o incluso de otros vertebrados, pero en todos esos casos parece que no se cumplen aquellos requisitos necesarios para denominarlos «herramientas». Entonces, para que el lenguaje sea consistente (y sobre todo útil), no podemos usar el mismo nombre para estas condiciones tan diferentes. Quizá podamos decir que, en esos casos, estamos observando el uso de «objetos», y no de «herramientas», lo cual evitaría meter en el mismo saco el empleo de una ramita para recoger termitas y el empleo de un satélite para recoger señales del espacio profundo.

Finalmente, tenemos que mencionar un caso especial de extensión cognitiva. ¿Qué pasa cuando el elemento con que se conecta un cerebro es... otro cerebro? ¿Cuando un cuerpo se entrelaza con otros cuerpos? ¿Cuando dos mentes extendidas se encuentran? Supuestamente —y sobre todo en un grupo zoológico que ha invertido evolutivamente en el grupo—, la sociedad genera una red, una red pensante, donde cada cerebro es en realidad una neurona del sistema total. Un sistema que podemos sentir y entender solo en parte, pero que existe, pulsa, vive, y evoluciona. Por ejemplo,

James Lovelock (1919-2022), médico y bioquímico inglés, propuso la hipótesis Gaia para explicar la rara condición metabólica de nuestro planeta, que se podría explicar solo considerándolo un organismo inmenso, con sus órganos y tejidos. Esta hipótesis se puede tomar al pie de letra, o de forma más suave como una versión global de una ecología sistémica, donde cada elemento (las especies animales y vegetales) tiene un rol en el equilibrio general. Los humanos, con nuestra capacidad de transmitir rápidamente información, seríamos quizá los análogos de las neuronas, una red nerviosa que, con internet, ha dado sin duda un salto importante.

Todo ello parece algo de ciencia ficción (¡o incluso esotérico!), pero tampoco hay que ir tan lejos: basta con reconocer que de lo único que podemos tener consciencia es de nuestras percepciones y sensaciones, y es muy improbable que esta sea de verdad toda la historia. Como recordaba Eduardo Punset, ninguna de tus neuronas sabe quién eres... ¡ni le importa! Asimismo, nosotros, como células de un sistema nervioso más extenso, puede que no podamos percibir el fenómeno en su integridad. Lo cual nos lleva a una sensación de incertidumbre, a mirar a la cámara con cara de duda y estupor y, cual protagonista de *El show de Truman* (Peter Weir, 1998), preguntarnos: «Pero, entonces, ¿quién soy yo?».

¿Yo?

Las teorías sobre extensión cognitiva y *embodiment* nos invitan a cambiar nuestra perspectiva sobre el cuerpo, sobre sus roles y sus funciones. Siempre hemos visto el cuerpo como un armazón, necesario para dar un soporte al animal, y por supuesto a su cerebro, el aparente órgano de mando. El armazón hay que cuidarlo y curarlo, porque es el medio con que percibimos y actuamos y, si se rompe, las consecuencias pueden ser desde molestas hasta nefastas. Aun así, solo es un armazón, bonito y necesario, pero armazón. Pero si consideramos el cuerpo como parte funcional del proceso cognitivo, eso lo cambia todo. Más allá de sus funciones de soporte, se vuelve algo que determina, mucho más en profundidad, quiénes somos. Hemos dicho, por ejemplo, que el precúneo integra cuerpo y visión, y proyecta el cuerpo en un espacio. A pesar de ser un elemento grande y visible del cerebro, hasta hace pocos años apenas existían estudios sobre su anatomía y sus funciones porque, como suele ocurrir con todo lo que atañe a las funciones visoespaciales, se suponía que era algo que compartimos todos los seres vivos: el saber moverse, el tener una percepción del espacio, nada más. Pero cuando descubrimos que este elemento es tan grande solo en los humanos, y cuando asoman las teorías sobre *embodiment*, nos saltan las alarmas, porque parece que aquí hay algo que nos estamos perdiendo. Porque pensamos que todo ello se refiere a la gestión del cuerpo en el espacio físico, pero de pronto sospechamos que las habilidades visoespaciales no acaban ahí. Por ejemplo, este espacio puede ser cronológico (el tiempo) o incluso imaginario (simulación mental). Y está claro entonces que este cuerpo, proyectado en este espacio virtual, empieza a desarrollar unos superpoderes de los que los demás animales carecen, como por ejemplo generar un yo en el pasado y un yo en el futuro, o abrir la caja de Pandora de la imaginación visual. Con todo lo que esto conlleva. Ya no necesitamos «hacer» todo con las manos, porque podemos simular, pensar en hacer, imaginarnos haciendo: experimentar con nuestro cuerpo virtual en un espacio virtual. Cuando la imaginación se integra con la memoria episódica (la que también representa el fundamento de la memoria de trabajo de Baddeley), generamos recuerdos, y cuando se integra con nuestro sistema ejecutivo, generamos predicciones y expectativas. De hecho, se ha visto que los recuerdos se organizan por medio de reglas espaciales, algo que se manifiesta incluso en el lenguaje común, donde uno «se pierde entre los recuerdos» o «da un salto al pasado». Y entonces, este espacio no es solo físico y cronológico, sino también mnemónico, algo que va más allá de lo que creemos que pueden hacer la mayoría de los animales, y que probablemente nos caracteriza en parte como especie. Finalmente, se ha visto que el cuerpo está implicado también en las relaciones sociales, donde las dinámicas yo-tú, yo-ellos, yo-nosotros se basan en una relación entre cuerpos, y en una cierta cercanía o distancia en un espacio que, en este caso, es un espacio social. Con lo cual, este cuerpo al final se vuelve unidad de medida de todo lo que somos y de lo que pensamos que somos; de lo que hacemos y de lo que nos gustaría hacer; de lo que seremos y de lo que creemos haber sido.

Pero, entonces, ¿qué relación hay entre este cuerpo y el yo, el ego, o la consciencia? Y aquí entramos, como cabe esperar, en un campo infinito, lleno de trampas y espejismos, un terreno inmenso que muchos han pisado, sin que nadie haya logrado trazar un mapa suficientemente claro como para poder esbozar un camino que llegue a algún sitio en concreto. Desde luego, frente a los miles de neurobiólogos, psicólogos y filósofos que han intentado arrojar luz sobre estos temas sin muchos resultados consistentes, no pretendo yo dar respuestas o soluciones. Pero sí que me gustaría intentar estimular el debate sobre el significado de estos términos, porque creo que sin esta etapa preliminar es inútil intentar comunicar.

En mi opinión, uno de los problemas principales es, una vez más, el mismo que hemos encontrado en las páginas precedentes para otros conceptos complejos: la falta de una definición. Una ausencia de definiciones, por parciales, provisionales e incompletas que sean, puede llegar a confundir más una situación que ya de por sí está tremendamente enmarañada. Las causas de esta ausencia son también las mismas de los casos anteriores: por un lado son conceptos muy complejos, pero al mismo tiempo su opacidad hace que se usen en contextos muy distintos, excesivamente distintos, a veces incluso incompatibles. Lo que me sorprende, y mucho, es que parece que el problema de hallar una definición es tan peliagudo que la gente ya pasa de mencionarlo o de enfrentarse a ello. Tanto a nivel científico como divulgativo, se pueden encontrar una multitud de artículos y libros que entran a saco hablando del yo, del ego o de la consciencia sin haberse molestado en explicar a qué se refieren. Es como si la ausencia de una definición se hubiera asumido como condición normal, y entonces todos se permitieran entrar salvajemente en el debate, sin aclarar, sin precisar. Evidentemente, si a esto le añadimos la complejidad implícita de estos conceptos y el hecho de que tocan nervios delicados tanto a nivel individual como social, el resultado es que se genera un circo descontrolado, donde todos dicen de todo avalando sus propias conclusiones a la luz de una ausencia común de evidencia. Desde el momento en que todo es lícito y cada cual elige sus garantías (la ciencia, la religión, la lógica, o una corazonada), la comunicación se hace infructuosa, incluso perjudicial, al generar barullo y despistar a quienes están intentando localizar un camino. Muchas veces tengo incluso la sensación de que las palabras *yo*, *ego* y *consciencia* se llegan a usar como sinónimos, lo cual delata un escaso interés por las diferencias. Y la cosa empeora cuando estos conceptos se confunden con *mente* o, incluso, con *alma*.[2] Por lo que atañe a la palabra *mente*, ya hemos visto que, sencillamente, podemos utilizarla para referirnos al proceso cognitivo, en todos sus componentes biológicos y abiológicos. Entonces, aunque en gran parte desconozcamos sus mecanismos, la mente es algo relativamente fácil de concretar a nivel semántico, a nivel conceptual, porque es nada más y nada menos que el conjunto de procesos y elementos que caracterizan nuestra cognición. Desde luego, no tiene ni de lejos matices mágicos o místicos. En cuanto al *alma*, es un concepto que no tiene aparentemente ningún vínculo con la ciencia o con la biología, y personalmente no tengo ninguna necesidad de emplearlo para hablar de evolución. No tengo evidencia de que sea un fenómeno real, y entiendo que podría tranquilamente ser un concepto abstracto y simbólico sin relación con los temas que estamos tratando en este libro. Sin embargo, sobre *yo*, *ego* y *consciencia* sí quisiera intentar perfilar algunas diferencias que pudieran ser útiles, a pesar de su generalidad, para entender y comunicar diferentes aspectos del proceso mental.

En general, en el término *yo* (o su versión en inglés, *self*) se tiende a meter de todo: todo lo que atañe a una persona, sus sensaciones, sus pensamientos, su percepción de sí misma.[3] Sin embargo, creo que es más útil pensar en el yo en términos sistémicos, es decir como elemento de una red. En la teoría de sistemas (y en sus infinitas aplicaciones, como el análisis de redes, que se emplea para analizar los grupos sociales, las rutas de los aviones, el cableado eléctrico y neuronal, o cómo se propaga un virus), se da importancia a las relaciones, más que a los elementos. Un «sistema» está formado por elementos (nodos) que están unidos por ciertos vínculos (relaciones). Por ejemplo, en ecología, las especies (nodos) se relacionan en una red trófica de predadores y presas (relaciones), esto es, quién come a quién, y la energía fluye siguiendo ciertos equilibrios. En una sociedad, los individuos (nodos) se relacionan mediante diferentes niveles de interacción (relaciones), que pueden ser de parentesco, de amistad o profesionales. Así que un sistema se puede representar e investigar a través de un modelo donde los nodos (especies en el caso de la ecología, o individuos en el ejemplo del grupo social) se relacionan con los otros nodos, lo cual genera una red que tiene sus reglas, sus equilibrios, sus patrones. Ahora bien, estas redes siempre se establecen con base en una escala, porque si hurgamos descubrimos que cada nodo, a su vez, esconde una red más pequeña; y que cada sistema, a su vez, puede ser el nodo de una red más grande. Imaginemos, por ejemplo, una red de carreteras: los nodos son las ciudades, y las relaciones son las autovías. Pero, a su vez, cada ciudad también es un pequeño sistema, con sus barrios y sus arterias viarias. Y, a su vez, también cada barrio es un pequeño sistema, con sus calles y sus edificios. De nuevo, al mismo tiempo, también cada edificio es un pequeño sistema, con sus apartamentos y sus rellanos. De forma parecida, el individuo se puede considerar como nodo en una red social, pero a su vez está formado por células que conforman el sistema «individuo», y su red social puede ser un nodo de un sistema más extenso si estamos considerando las relaciones entre grupos sociales distintos. Por ejemplo, un estudiante de una universidad es un elemento del sistema social de la universidad, pero a la vez es un sistema formado por células. Y el sistema «universidad» se vuelve un elemento de una red más grande si estamos considerando la red económica de la ciudad a la que pertenece. Las redes tienen propiedades fractales, como las muñecas rusas: dentro de un nodo que compone una red, ¡hay otra red! Las redes esconden otras redes, y generan más redes. Esta imposibilidad de identificar fronteras o elementos indivisibles no impide, desde luego, reconocer los elementos como elementos: puede que todo sea un macrosistema sin confines, pero entiendo perfectamente qué es una célula, qué es un estudiante, y qué es una universidad. Tiene sentido identificarlos como unidades, y como elementos que merecen un nombre, aunque sin olvidar que todo está inmerso en esquemas más grandes y complejos. Y, por supuesto, que aquellos elementos, aunque identificables, no son autónomos ni independientes.

Cabe preguntarse entonces cómo se puede interpretar un yo dentro de un sistema con diferentes niveles de complejidad. De hecho, podemos incluso preguntarnos si es que existe un yo. Tanto la fenomenología occidental como el budismo defienden la experiencia como elemento cognoscitivo puro, que hay que limpiar de los excesos del ego, o sea del personaje que creemos personificar, del personaje que hemos estado creando a lo largo de nuestra vida, con sus peculiaridades, sus deseos y sus miedos, de forma ficticia y ampliamente inconsciente. Por ello, sospechan que tal vez detrás de la experiencia no haya nadie, o por lo menos no haya una unidad individual definida, y que la sensación de individualidad no sea nada más que una ilusión. Sin embargo, es difícil pensar que haya conocimiento o consciencia sin un yo que pueda vivir y organizar esta experiencia, que pueda reconocer esta experiencia, que pueda hacerla suya como receptor, observador y testigo de lo que ocurre. Y este reconocimiento necesita un trasfondo, una diferencia, una discontinuidad y un flujo para desarrollarse. Este yo, como unidad de reconocimiento y organizador de la información, no tiene desde luego nada que ver con el ego, o sea, con el personaje que me he creado como interfaz con la vida cotidiana.

Creo entonces que tenemos que considerar (y aprovechar) las diferencias entre el yo y el ego, evitar usar estos dos términos como sinónimos, y evitar una redundancia entre estos dos conceptos que puede enmascarar diferencias importantes. Con estas premisas, propongo considerar el yo como nuestra unidad cognitiva consciente. Es decir, en una visión sistémica, el yo sería el nodo que usamos como elemento funcional para el proceso mental que adquiere identidad. Este nodo es capaz de generar una identidad solo a nivel personal (el individuo), y no a un nivel más fino (por ejemplo, sus células) o más extenso (por ejemplo, la sociedad). Este yo se caracteriza por tener un cerebro (el microprocesador) y un cuerpo (la interfaz) que, al engancharse al ambiente, generan un flujo de información que llamamos «mente». Pero, más allá de este flujo cognitivo, es condición indispensable que este yo sea consciente, es decir, que sea capaz de reconocerse a sí mismo. Los dos elementos estructurales, cerebro (sistema nervioso) y cuerpo (sistema somático) tienen que generar una función emergente, es decir, una capacidad nueva que surge de la interacción entre ambos, que es la facultad de saber identificarse como unidad. Este yo, como nodo, es parte de una red más grande y está formado por redes más pequeñas, pero es solamente consciente de su experiencia, anclada a sus sentidos, a sus emociones, y a sus pensamientos. Como nodo, y como elemento de redes más grandes y más pequeñas, ni es autónomo ni está aislado de todo el sistema, pero sí está definido por su misma capacidad de ser consciente de sí mismo.

A menudo, las filosofías orientales han cuestionado la existencia del yo por la incapacidad de poder definirlo o identificarlo a nivel espacial (límites físicos) o temporal (límites cronológicos). En el primer caso, se señala que este yo no es independiente, sino que está enlazado con su entorno y a su ambiente. Desde luego, la teoría de la mente extendida explica bien esta condición. Pero la teoría de sistemas añade que un nodo, dado que se reconoce como elemento de la red, no necesita ser independiente. Siendo el yo un nodo del sistema, reconozco su individualidad espacial (cuerpo y cerebro), pero también el hecho de que su activación depende de la conexión con el ambiente. Entonces, aunque puedo identificar esta unidad funcional cognitiva, reconozco que es parte de una red, parte de un sistema mucho más grande, y es funcionalmente inseparable de este sistema. Como hemos dicho, ese es el fundamento de la ecología. Lo mismo vale para su falta de fronteras temporales. ¿Por qué debería un yo ser permanente? Se supone que es parte de un proceso, y un proceso está en permanente cambio. Demostrar esta impermanencia no demuestra su inexistencia, del mismo modo que demostrar su ausencia de fronteras físicas no demuestra su invalidez como unidad cognitiva funcional. En resumidas cuentas, creo que puede ser útil desarrollar un concepto sistémico del yo como unidad cognitiva consciente, que es parte de una red más extensa del flujo de información. Desde luego, más allá de esta propuesta, recordemos una vez más que seguramente no ayuda utilizar este término sin definirlo o, peor, confundiéndolo con la consciencia o con el ego.

El ego, a mi entender, es algo totalmente distinto del yo. El ego, como hemos dicho, es un personaje. Un personaje que nos hemos inventado a lo largo de los años, con sus recuerdos, sus esperanzas, sus amores y sus odios, sus intereses y sus prioridades. El yo, unidad metabólica y consciente de la mente, necesita un intérprete para poder interactuar con el mundo, un disfraz, un papel, un monigote, y esto es el ego. Como decía el ya mencionado Csíkszentmihályi, somos todos historiadores de nuestra propia existencia, y el ego es el protagonista de esta historia. Y así, poco a poco, generamos una narrativa que nos protege de nuestra misma fragilidad, pero que nos enjaula, y acaba siendo una prisión. Dicho sea de paso, el ego es el personaje que la selección natural juzga y elige, porque es el que busca placeres y huye del desagrado, es el que lucha y se reproduce, es el que inventa y se obsesiona, el que se emociona y que se enfada, el que se alegra y se entristece. Sin el ego no hay selección, porque sin él no hay anhelo, no hay apego, no hay rechazo. El ego es una construcción, ficticia; el intérprete de esta película que es mi vida, que se va moldeando de forma automática poco a poco, sin que nos demos cuenta. Esta inconsistencia del ego no es algo implícitamente negativo, pero se vuelve en contra de nuestro bienestar cuando el personaje que hemos forjado empieza a dar problemas. Y, unas veces más y otras menos, siempre suele darlos, sobre todo porque está profundamente condicionado por tres factores que no dependen de él, y que se entremezclan de forma nefasta: los condicionamientos biológicos (instintos), los condicionamientos psicológicos (las marcas de la vida) y los condicionamientos sociales (expectativas, juicios etc.). Los condicionamientos biológicos son programas evolutivos, totalmente automáticos, que por ser automáticos muchas veces ni se ponen en discusión, porque se aceptan como «naturales». Si me siento enfadado, ataco. Si me siento excitado, me apareo. Si tengo hambre, como. Los instintos son la parte más profundamente evolutiva del ego, sus algoritmos profundos. Los condicionamientos psicológicos son todas las piedras que cargamos en nuestra mochila vital, aquellas que hemos ido recogiendo a lo largo de sucesos y acontecimientos, éxitos y frustraciones, placeres y dolores. No tienen que ver con el pasado evolutivo, sino con las vivencias personales, aunque los programas evolutivos luego sesgan y canalizan la forma de reaccionar, procesar y almacenar estas vivencias. También estos condicionamientos se acumulan de forma más o menos lenta, pero generalmente lo hacen sin que nos demos cuenta de su efecto, encubiertos a veces por ser procesos sutiles, a veces por *omertà*[4] del ego, que finge no ver y mira para otro lado. Los condicionamientos sociales son todas aquellas coacciones que nos exigimos para encajar en el grupo, para no ser rechazados, para no ser excluidos de la comunidad, para que nos juzguen bien, para que no nos abandonen, para gustar, para seguir las normas de la tribu, aunque esto vaya en contra del bienestar del individuo y nos haga infelices. La soledad es la peor pesadilla para cualquier ser humano, y para evitar el destierro estamos dispuestos a todo. A veces, la discrepancia entre las necesidades del individuo y las exigencias del grupo es patente, y en este caso se sufre la presión y la violencia de tener que seguir reglas que no me convencen, que no me representan, que no me hacen sentir bien. Pero muchas veces este forcejeo no es consciente, creo que caer bien me va a aportar, creo que es lo único que quiero y necesito, así que ni me pregunto si estos condicionamientos me hacen daño. De hecho, ni me entero de que son condicionamientos, los acato como míos, y pienso que son mi propia forma de ser. Hasta que un día el saco ya no puede más de tanto peso, de tanta incongruencia, y se rompe. Así que, entre condicionamientos biológicos, psicológicos y sociales, el ego acaba siendo una marioneta manipulada por factores ajenos, y por ende totalmente expuesto a todo tipo de borrascas. Ponemos nuestro bienestar en manos foráneas, lo cual raramente se traduce en una vida plena y satisfactoria. Claro, si no sabemos que este personaje es ficticio y que lo hemos creado nosotros, nos veremos anclados a él, lo defenderemos hasta las extremas consecuencias, y nos hundiremos con él si es que se hunde. Sin embargo, si entendemos que el personaje lo hemos generado nosotros, es más fácil entender que, si no nos gusta o si nos está generando problemas, lo podemos cambiar. Podrá ser un cambio rápido o lento, pero en ambos casos cuanto antes se empiece, antes se descubren las alternativas. En muchas tradiciones filosóficas se demuestra que el ego es ficticio, pero luego se confunde el ego con el yo y, al cargarse el primero, se niega también el segundo. Creo que es un error, primero porque el ego es una construcción artificiosa, mientras que el yo es el núcleo funcional de la mente consciente; y segundo porque, si bien es verdad que el ego suele dar problemas, el yo es totalmente inocuo por sí mismo, ya que no es más que una unidad consciente de procesamiento cognitivo.

De todas formas, muchos autores han intentado separar estos conceptos, cada uno con sus matices. Por ejemplo, Steven Hayes, en su libro *Una mente liberada* (Paidós, 2020), habla de un yo conceptualizado y de un yo trascendental y observador. Tal y como yo lo veo, el primero sería el ego, y el segundo, el yo. De forma parecida, John Teasdale habla de un yo narrativo (ego) y un yo experiencial (yo) en su ensayo *Por qué funciona el mindfulness* (Kairós, 2023). Creo que esta separación es útil para entender la diferencia. Y para rematar la necesidad de dos términos distintos, que es mejor no confundir. Probablemente, una visión complementaria entre yo y ego la encontramos también en Erich Fromm, y en particular en su genial libro *El miedo a la libertad* (Paidós, 2004), donde analiza la influencia de la psicología individual y colectiva en los altibajos de la historia. Fromm explica cómo la conquista de la libertad (liberarse de un sistema social cerrado, de una religión persecutora o de una política violenta y opresora) genera un vacío, un desamparo, una angustia existencial, asociada a la falta de autonomía y de capacidad de introspección del ser humano. Algunos, atemorizados por el vacío agorafóbico de ser libres, deciden volver a las jaulas, prefiriendo la dominación a la soledad de una existencia donde tú mismo eres el responsable de tu desarrollo. Otros deciden quedarse sin amos, pero sufriendo una libertad negativa que se asocia a este sentido profundo de aislamiento y de abandono, de ausencia de certezas y de objetivos. El resultado es a menudo una angustia profunda, a veces encubierta, que se arrastra lentamente y carcome los pilares de la motivación y de la energía vital. Pero hay una tercera posibilidad: un recorrido de desarrollo personal que transforme esta condición en libertad positiva, un estado donde el individuo goce del bienestar que proviene de sentirse autónomo pero a la vez conectado con los demás y con la vida. Fromm promocionó, ya en la primera mitad del siglo pasado, el psicoanálisis y la meditación, defendiendo la necesidad de trascender los límites psicológicos, sociales y culturales de nuestra consciencia para poder disfrutar de una vida plena y satisfactoria. Según Fromm, la renuncia a la libertad, sea consciente o no, lleva al yo a sucumbir bajo un pseudoyó, un personaje ficticio moldeado según las expectativas y las exigencias del grupo, de la cultura, de la religión, de la política y de toda una larga serie de factores que requieren un disfraz para poder crearse un nicho aceptado por los demás. Aunque sea la decisión de la mayoría, renunciar al yo en favor de un pseudoyó, desafortunadamente, no funciona. Por un lado destina al individuo a vivir entre rejas. Y al mismo tiempo, no logra acallar aquella necesidad de libertad y de realización que sigue latiendo en la profundidad del ser. Las rejas protegen, pero apagan el anhelo de vivir. Sin embargo, un yo equilibrado es libre sin sentirse solo, es crítico pero no sucumbe a las dudas, es independiente aunque siga siendo parte integrante de la humanidad. Entre las claves cruciales para poder vivir este yo con plenitud, Fromm da un peso particular a la espontaneidad, capaz de eliminar la distancia artificial que los humanos hemos generado entre la naturaleza y la razón. La espontaneidad, es decir, una aproximación al ser que se desvincula del protagonista ficticio generado por los miedos y por las inseguridades, permite superar el terror a la soledad sin renunciar a la integridad del yo. El yo permite ver y entender el significado de la vida: el acto mismo de vivir. Creo que el pseudoyó de Fromm se acerca mucho al ego, mientras que su yo puede interpretarse perfectamente como esta unidad cognitiva consciente que, libre para sentir y capaz de darse cuenta de ello, no perece bajo el peso de aquel protagonista torvo y desalentado, creado para protegernos, absurdamente, de nuestra propia libertad.

Finalmente, si vamos ahora al significado de la palabra *consciencia*, probablemente las cosas se compliquen aún más. Primero, porque es posible que sea un fenómeno aún más difícil de definir, y segundo porque, en este caso, la confusión lingüística (y por ende conceptual) es enorme. La literatura científica se escribe en lengua inglesa, y en ella se emplean dos términos para referirse a la consciencia: *consciousness* y *awareness*. El primero se refiere a la experiencia y al conocimiento de sí mismo: el proceso cognitivo adquiere individualidad y se reconoce como unidad conocedora. El segundo se refiere al «darse cuenta», un fenómeno relacionado con la atención y con la percepción de lo que está pasando. Evidentemente, a pesar de lo mucho que comparten, ambos términos se refieren a dos niveles de complejidad bastante diferentes: el primero es el proceso mental que adquiere la posibilidad de observarse y reconocerse (y generar un yo), y el segundo es la condición momentánea de estar atento y consciente de lo que está ocurriendo.[5] En español (así como en otros idiomas que proceden del latín) las cosas son menos claras, porque los dos conceptos se mezclan en una única palabra: *consciencia*. Y para liar aún más la madeja, se añade la palabra *conciencia* (sin *s*), que a veces se usa como sinónimo de consciencia (con *s*), y a veces adquiere matices morales y éticos. La consciencia (en el sentido de *consciousness*) es la propiedad que permite la generación de un yo, más allá de sus elementos físicos (cuerpo y cerebro). Como hemos mencionado, podemos pensar en ella como una función emergente, es decir, un proceso que surge de la interacción entre sistema nervioso y somático cuando se alcanza un cierto nivel de complejidad. Con la capacidad de reconocerse a sí mismo, la unidad metabólica (el individuo) se vuelve parte activa de la red cognitiva, pudiendo traspasar (por lo menos en parte) los límites de los automatismos, instintivos y programados.

En realidad, este salto introduce un nuevo debate, precisamente sobre el tiempo. Esto es, si la consciencia se refiere al conocimiento de sí mismo, se podría pensar que no puede existir sin una sucesión, lo cual requiere que el tiempo avance. Muchas tradiciones filosóficas hablan de una consciencia que trasciende el tiempo, y en el budismo se compara con una pantalla, ya que proyecta eventos, formas y colores, pero sin que estos fenómenos puedan afectarla. La consciencia proyecta sin implicarse, sin cambiar. Pero, si consideramos la mente como un proceso y la consciencia como una función emergente de la mente, no puede haber consciencia fuera del tiempo. Sin tiempo, no hay flujo. Así como los sentidos solo pueden detectar una diferencia de estímulos, también la consciencia podría necesitar un cambio para poder ejecutarse. Una diferencia, un movimiento entre un estado A y un estado B. Una diferencia perceptiva y cognitiva. Como hemos mencionado, en la tradición budista, la mente es el sexto sentido: así como los ojos captan las formas y los oídos captan los sonidos, la mente «capta» pensamientos y emociones. Lo cual confunde una vez más las diferencias entre mente y consciencia, pero nos sirve para entender que, en ambos casos, es necesario el tiempo para que se genere un cambio que pueda ser percibido por los detectores adecuados.

Mens sana...

Si, como sospechamos, el cuerpo y el ambiente juegan un papel en el proceso cognitivo, entonces deben ser aspectos clave de todos estos conceptos que hemos intentado definir. Cuerpo y ambiente tienen un peso decisivo en forjar el yo, el ego, y la consciencia. De hecho, es posible que sean parte de estos fenómenos, una parte activa e integral. Hemos visto que el cuerpo es el elemento central del yo como unidad cognitiva consciente en el tiempo y en el espacio, aunque su proceso depende del ambiente (incluida la tecnología) y, por tanto, de una red que va más allá de los límites celulares de su piel. El ego es un disfraz del yo, el protagonista de su historia, que usa el cuerpo como unidad de medida para diseñarse el traje. La consciencia es una función emergente, una propiedad, que permite al yo reconocerse como identidad, observarse, darse cuenta de lo que está pasando, sobre todo en relación con su cuerpo, interfaz de todos sus sentidos. La consciencia sería, según esta perspectiva, el factor que, de hecho, hace que un yo sea un yo: sin consciencia, el individuo sería una unidad cognitiva pero automática, sin posibilidad de reconocerse como elemento, como agente.

Si todo esto es cierto, probablemente tenemos que repensar aquella lucha infinita entre quien dice que cuerpo y mente son dos elementos distintos (dualismo), y quien dice que cuerpo y mente son un único elemento (no dualismo). Precisamente porque, si consideramos las teorías sobre mente extendida, hay una tercera posibilidad: que el cuerpo sea un elemento de la mente. Es decir, que el cuerpo físico, el *soma*, con sus características y habilidades perceptivas y espaciales, sea parte integrante de un sistema más extenso, que llamamos proceso cognitivo, o mente. Así pues, ni el mismo elemento ni distintos, sino uno dentro del otro. El cuerpo sería un elemento crucial —aunque no suficiente— del proceso cognitivo. En este caso, hablar de cuerpo-mente es una tautología, una redundancia que confunde más que ayuda, porque traslada el debate a un terreno sesgado e inconcluyente. Sería como hablar de la relación mano-dedos: los dedos tienen un rol dentro de la dinámica de la mano, pero en realidad son parte de la mano, con lo cual no tiene sentido ni plantear que sean elementos independientes, pero tampoco que sean lo mismo. Se pueden analizar los dedos de forma aislada, pero no tiene sentido hablar de la mano sin los dedos. Por definición, una mano tiene dedos. De forma parecida, se puede analizar el cuerpo en sus componentes más físicos, pero no tiene sentido hablar de mente sin incluir el cuerpo. Es cierto que, como elemento crucial de la mente, el cuerpo influye en el proceso cognitivo, y a su vez sufre las influencias del sistema cognitivo. Pero esta relación no es lineal, sino jerárquica, ya que uno (el cuerpo) es un componente del otro (la mente). En realidad, la mayoría de las veces que se menciona el binomio cuerpo-mente, probablemente se está hablando del binomio cuerpo-cerebro, confundiendo el órgano (el cerebro) con el proceso (la mente). En este caso sí que hay una influencia recíproca (obviando el hecho de que el cerebro también es parte del cuerpo), en el sentido de que el sistema nervioso y el sistema somático interactúan y se influyen mutuamente.

Ahora bien, si bien es cierto que muchas tradiciones filosóficas se han acercado mucho a esta visión más holística de la mente, creo que no han otorgado al cuerpo la importancia que merece. En muchos casos son tradiciones que tienen un fuerte componente espiritual, donde la palabra *espíritu* designa una mezcla entre alma y consciencia, fuera del rango de la biología y de lo orgánico: algo muy alejado de todo lo que es material. Y tal vez sea necesario aquí hacer un inciso sobre este concepto tan delicado de manejar. El término *espíritu* tiene una raíz etimológica (*spiritus*) que lo enlaza con el aliento, el hálito, la respiración, el principio etéreo de la vida, de cada vida, que empieza formalmente con una primera inspiración y se acabará, restituyendo lo que ha tomado prestado, con una última exhalación. De todas formas, no estoy seguro de que pueda tener una definición coherente. Sin embargo, creo que la palabra *espiritualidad* es mucho más clara y sobre todo más útil, para referirse a una sensación experimental y empírica de interconexión y de armonía con nuestro entorno, con nuestra historia, con nuestra existencia, y con los demás. Una sensación muy profunda y poderosa, pero al mismo tiempo también muy borrosa, muy difícil de describir en un marco conceptual, muy complicada de entender racionalmente o en el contexto de nuestros modelos de vida cotidianos. Y que, por ende, genera más dudas que plenitud o satisfacción, y a menudo se atraganta en el recorrido inquieto y parcheado de nuestra existencia. De ahí que se genere otra complicación terminológica y funcional: la confusión entre espiritualidad y religión. La primera es individual y personal; la segunda es colectiva y social, incluso institucional. Por tanto, en la primera no hay reglas, pero la segunda se fundamenta sobre reglas. La primera libera al individuo, mientras que la segunda lo ancla a un contexto de normas y de expectativas. Además, en lo práctico, si bien la primera atañe al desarrollo de la persona, la segunda acaba casi siempre, desde una perspectiva histórica, orientada a su control y manipulación. Algo parecido pasa entre ideología y política: la primera es individual, y es un valor fundamental, mientras que la segunda es la proyección de estos valores en la vida cotidiana y colectiva, y sabemos que muchas veces la cosa acaba como acaba. Esta confusión entre espiritualidad y religión a veces se debe a sus evidentes relaciones: la segunda nace como propuesta para gestionar la primera e integrarla en el marco de la sociedad, con lo cual es normal que haya zonas borrosas de transición. Pero muchas veces la mezcla se efectúa con cierta alevosía, porque se pretende convencer de que no puede haber espiritualidad sin religión. Y, en general, sin una en particular, dependiendo del dónde y del cuándo. Evidentemente, habría que mantener los dos ámbitos separados, por lo menos en sus mecanismos, funciones, métodos y objetivos. Retomaremos más adelante algunos aspectos importantes sobre la espiritualidad.

Sea como fuere, el fuerte componente espiritual o religioso de muchas tradiciones filosóficas ha sacado al cuerpo de la ecuación. Muchas veces ha sido interpretado solo como el armazón, la cáscara de la vida. Incluso ha llegado frecuentemente a sufrir cierta denigración, siendo tachado, en muchas perspectivas más tradicionales, de «impuro», o de corrupto. En muchas prácticas meditativas se intenta llegar a una condición de eliminación de los sentidos, una cancelación de los estímulos, porque se interpretan como un ruido que se interpone en la indagación o experimentación de la consciencia. En el yoga, la fase o estado de *pratyahara* se refiere a la retracción de los sentidos, un aislamiento sensorial necesario para alcanzar una condición de concentración, contemplación y absorción profundas. La eliminación de los estímulos sensoriales es también una clave de muchas prácticas de meditación zen y de la meditación *dhyana*, donde la atención focalizada (concentración) se profundiza tanto que la absorción mental llega a anular la percepción del entorno o incluso del mismo cuerpo. Según la interpretación de la cognición corporizada, sin embargo, el cuerpo y sus percepciones son elementos estructurales de la consciencia, y puede no ser provechoso tratar de eliminarlos sin más de la ecuación. Como ejercicio puede ser interesante, y como entrenamiento es probablemente muy útil, pero pensar que aislando el sistema nervioso del cuerpo y de sus sentidos mejora la posibilidad de investigar la mente y quiénes somos, podría resultar una disección utópica y desde luego artificial.

En realidad, en muchas filosofías de fuerte componente espiritual esta paradoja se extiende a todo el conjunto mental: la mente en sí misma se ve como un impedimento que hay que eliminar, controlar o acallar para poder alcanzar una verdadera consciencia. Pero si apostamos por la interpretación de la extensión cognitiva, pensar en la mente como obstáculo y en el cuerpo como algo impuro no nos llevará a ningún lado. Desde luego, habrá que calmar esta mente y limpiar este cuerpo, pero no tiene sentido pensar en un proceso cognitivo que no se instaure y desarrolle en estos dos elementos. Conocer tu propia mente y tu propio cuerpo es la clave para un proceso cognitivo sano y estable, y cualquier tipo de visión, psicológica o espiritual, que entienda estos elementos como una barrera hacia la consciencia podría suponer un grave impedimento para cualquier forma de desarrollo personal. Hay que decir que una excepción notable a este rechazo de lo orgánico la encontramos en algunos aspectos del budismo moderno que, sobre todo en el último medio siglo, se ha interesado muchísimo tanto por la neurociencia como por el cuerpo y sus sentidos, lo que ha propiciado un excelente diálogo entre ciencia occidental y filosofía oriental. Y, aunque el cerebro sigue teniendo un lugar privilegiado en este panorama, a estas alturas el papel del componente somático ya está en el centro de los focos de las ciencias cognitivas.

Pero ¿cuándo y cómo ha ocurrido esta integración entre cerebro, cuerpo y ambiente, a nivel evolutivo? Es difícil saberlo, aunque hay que reconocer que la capacidad de hacer proyecciones mentales ha debido de tener un rol clave. Estas proyecciones de un cuerpo en el espacio y el tiempo que hemos visto asociadas a los lóbulos parietales y a nuestro gran precúneo son fundamentales para generar una continuidad y una identidad que, aunque por un lado ceban el ego con sus películas y sus historias, al mismo tiempo permiten al yo darse cuenta de su existencia. Y podemos suponer que estas proyecciones tienen al menos dos parámetros que se pueden potenciar: el rango y la definición. El rango temporal es la ventana de recuerdos o previsiones que podemos generar: no es lo mismo ser capaces de montar una historia imaginada de pocas horas o de decenas de años. La definición se refiere a la cantidad de detalles que somos capaces de gestionar en este rango de tiempo: no es lo mismo generar una historia con pocos elementos que con miles de datos. Considerando las diferencias cerebrales, tecnológicas y sociales que caracterizan a nuestra especie, lo más probable es que hayamos potenciado ambos factores. Comparados con otros homínidos, es posible que seamos capaces de generar en nuestra mente una historia más larga, y con muchos más elementos. Muchos recuerdos, muchas previsiones, muchas expectativas, muchos deseos, y muchos miedos. Un superpoder que nos ha permitido ser lo que somos, y alcanzar esta asombrosa complejidad tecnológica y social. Pero que, como todo superpoder, es difícil de manejar sin que se nos vuelva en contra. La habilidad de imaginar se vuelve poderosa y obsesiva, empezamos a confundir pensamiento y realidad, anclamos las emociones a un personaje artificial y a sus caprichos, y de repente no somos ya capaces de distinguir lo que es de lo que podría ser, ni de entender cuándo estamos respondiendo de forma autónoma o automática frente a los impulsos de la vida. Finalmente el ego, respaldado por la selección natural, toma el poder, y encierra al yo y a su consciencia en una torre.

Imágenes y palabras

No cabe duda de que pensamos por imágenes y por palabras. Por lo menos esta es la forma más consciente en que lo hacemos. Nosotros los primates hemos invertido mucho, evolutivamente, en la visión. Somos mamíferos que, volviendo de las tinieblas de la noche a la luz del día, hemos emprendido un camino de adaptaciones orientadas a mejorar nuestra visión, tanto a nivel sensorial (ojos), como perceptivo (cerebro) y cognitivo (mente). Los primates pensamos con los ojos, exploramos con los ojos y, en general, necesitamos el respaldo de la visión para que nuestro proceso cognitivo funcione con seguridad y a pleno rendimiento. La visión es nuestro sentido más preciado, y gran parte de nuestra forma de razonar es visual. Lo cual es un gran poder, aunque al final es un sistema que absorbe mucha información, mucha atención, y a veces se puede volver demasiado invasivo, o incluso engañoso, porque nos fiamos excesivamente de lo que vemos. Solemos decir que «si no lo veo, no lo creo», de lo cual se deriva que si es que lo veo, entonces automáticamente me lo creo. Este es el principio de la ilusión, y bien lo saben los magos que, a pesar de ser capaces de engañar a todos nuestros sentidos, otorgan a la visión un lugar de privilegio sensorial a la hora de confundir nuestra crédula atención. De esta debilidad se aprovecha también la publicidad, que nos manipula con extrema facilidad, inoculándonos por los ojos estilos de vida y hábitos absurdos y perjudiciales. No es nada raro que en la mayoría de las prácticas meditativas los ojos se dejen cerrados o entornados, para limitar el protagonismo sensorial de nuestra visión, tan acaparadora y preponderante. Tanto si trato de tener una experiencia interiorizada limitando los estímulos, como si estoy intentando enchufarme con todos mis sentidos al ambiente externo, en muchos casos es razonable cerrar los ojos, porque si están abiertos el volumen de su señal es tan fuerte que impide atender a cualquier otra forma de percepción.

Y sobre el lenguaje, poco hay que decir que no sepamos ya. En este caso no es cosa de primates, sino solo de humanos. En nuestra especie, es el rey del mambo, una de las adaptaciones más asombrosas y exclusivas de nuestro kit evolutivo. Y es tan poderoso que, igual que ocurre con las imágenes, lleva consigo riesgos y excesos: pensamos erróneamente que todo se puede expresar con las palabras, confiamos ingenuamente en su poder de comunicación, y nos dejamos engañar con cierta facilidad por quien las domina y las maneja con destreza. La política, la prensa o la religión nos embelesan con sus letras y sus labias, llevándonos a creer lo que es patentemente difícil (o imposible) de creer. Es tan poderoso el lenguaje que, si una persona carece de grandes habilidades cognitivas pero destaca por su habilidad lingüística, recibirá credenciales y avales por parte de todos los niveles de la sociedad. Si alguien habla bien, asumimos que lo que dice es verdad. Por el contrario, si alguien carece de habilidad comunicativa, aunque sobresalga en muchas otras habilidades mentales, tendrá probablemente un camino difícil en nuestra cultura, tan sumamente lingüística. Lo cual es bastante trágico, si pensamos que puede que llevemos milenios siguiendo como ovejitas a los que hablan bien, y no a quien sabe resolver problemas o tenga principios y valores decentes.

Aun así, a pesar de la importancia que otorgamos al lenguaje, es posible que tampoco hayamos llegado a comprender muy bien su poder. Por ejemplo, se suele creer que es el medio para expresar nuestros pensamientos, cuando sin embargo muchos pensamos que, más bien, es la forma en que forjamos nuestros pensamientos. Es decir, no es que utilicemos el lenguaje para expresar aquello que previamente hemos pensado, sino que de no ser por el lenguaje mismo, no podríamos dar forma a esos pensamientos. Esto implica que, tanto a nivel práctico como a nivel conceptual o simbólico, si no lo puedo verbalizar, es posible que no lo pueda pensar, o ni siquiera imaginar. La palabra sería una unidad de pensamiento, y el lenguaje, en este caso, sería la herramienta con la que pensamos, y no una mera expresión de lo que pensamos. O, si queremos, el pincel que dibuja los pensamientos, y no el dibujo en sí.

Ahora bien, imágenes y palabras dominan de forma tan descarada nuestra mente que es posible que muchas veces lleguen a sesgar demasiado lo que sabemos, o lo que creemos saber. Nuestro conocimiento es visual y lingüístico, a un punto tan extremo que interpretamos el mundo casi integralmente según los filtros de las formas y de la lengua. Otorgamos tal confianza y poder a las imágenes y a las palabras que a menudo caemos ingenuamente en las muchas trampas que estos recursos disponen en nuestra vida cotidiana. Nos creemos todo lo que vemos, o lo que escuchamos. Incluso cuando las imágenes o las palabras salen de nuestra propia mente y arropan un ego con todas sus preocupaciones, sus miedos, y sus anhelos. Imágenes y palabras ceban el escenario de nuestro protagonista, a menudo orientando las luces de la comedia para dirigir su atención hacia sus deseos y sus rechazos, amplificando sus creencias y prejuicios, y canalizando su historia en una dirección o en otra.

Como todas las herramientas prodigiosas, imágenes y palabras hay que saber utilizarlas, porque acarrean riesgos, por exceso y por defecto. Desafortunadamente, la confianza incondicional que otorgamos a estos medios nos lleva demasiadas veces a tropezar con sus limitaciones y, lo que es peor, esto pasa sin que nos demos cuenta. Sus engaños se vuelven así elementos típicos de nuestra forma de pensar y de vivir, y nuestra mente, tanto la individual como la colectiva, sufre restricciones y sesgos que ni siquiera sabemos que padecemos. Desde luego, si no sabes que tienes un problema, difícilmente podrás resolverlo. Así que, antes que nada, hay que hacerse consciente de ello. O sea, es necesario... ¡despertar!

Un defecto por defecto

Imágenes y palabras tienen un papel crucial en la que se llama «red neuronal por defecto» (*default mode network*, en inglés). Esta es una red del cerebro que se activa cuando... ¡no hacemos nada! Es decir, cuando tenemos una tarea pendiente y estamos concentrados en algo, el cerebro activa preferentemente algunos módulos, algunos circuitos, especializados en resolver problemas de un cierto tipo. Pero cuando no tenemos ningún objetivo en concreto, cuando estamos esperando el autobús, cuando miramos las musarañas, o, muy especialmente, cuando estamos tratando de dormirnos y de no pensar en nada, se enciende la red neuronal por defecto (Figura 6). Esta red genera imágenes y palabras, y las enmarca en el contexto de la memoria episódica, es decir, de nuestra propia historia, abriendo de par en par las puertas de la imaginación, tanto visual como verbal. Y ahí puede entrar lo que sea: el pasado, el futuro, las ensoñaciones, fantasías públicas y privadas, la caja de Pandora de las posibilidades, la Torre de Babel de todas las posibles combinaciones. Proyecciones. La red neuronal por defecto es parte del kit de superpoderes de *Homo sapiens*. Es la clave de la creatividad, de los experimentos mentales, la pizarra de todos los mundos posibles, y de los imposibles también. Trabaja principalmente *off-line*, es decir, en ausencia de estímulos reales, en ausencia de percepción. No es lo mismo, de hecho, ver una manzana (*on-line*) que imaginar una manzana (*off-line*). En el segundo caso, la información sobre la manzana está almacenada en forma de imágenes y palabras, pero no existe ninguna manzana ante nosotros. De ahí el superpoder. Nuestro cuerpo, unidad de medida de nuestro mundo cognitivo, se desdobla, y del presente puede viajar al pasado o al futuro, o a un mundo que no existe. Y ahí está la trampa: si uno no sabe utilizar el superpoder, puede que se le vaya de las manos. Que no lo sepa controlar. Lo cual sucede, en menor o mayor medida, siempre. El pasado se vuelve perturbador, cargado de recuerdos, remordimientos, frustraciones, angustias y nostalgias. El futuro se vuelve amenazador y opresivo, plagado de preocupaciones, anhelos, miedos, deseos, dudas e incertidumbres. Poco a poco, el presente se empequeñece, frente a estas otras dos esferas temporales que se hacen, con los años, cada vez más grandes, más invasivas, más exigentes, más difíciles de manejar. Generalmente, en las edades más jóvenes domina la proyección del futuro (previsiones y esperanzas) y, en las más tardías, la proyección del pasado (recuerdos).[6] Imagino que este cambio es más o menos progresivo a lo largo de la vida, y habrá un punto en el medio en que los dos componentes sean igual de desbordantes. ¿Será en este punto cuando la mochila, demasiado pesada, genera en unos cuantos un derrumbe de la capacidad de resistencia? Como decía Dante al emprender su viaje: «A la mitad del camino de nuestra vida me encontré en una selva oscura, porque había perdido la buena senda». En nuestra sociedad a menudo la llamamos «la crisis de los cuarenta», pero sabemos que se puede dar en cualquier etapa de la existencia, y no es raro que haya escalones, cada uno con diferentes matices en función de la edad, pero todos caracterizados por este modo *off-line* de proyecciones y extrapolaciones, que arrastran al ego a un mundo ficticio pero no por ello menos estresante.

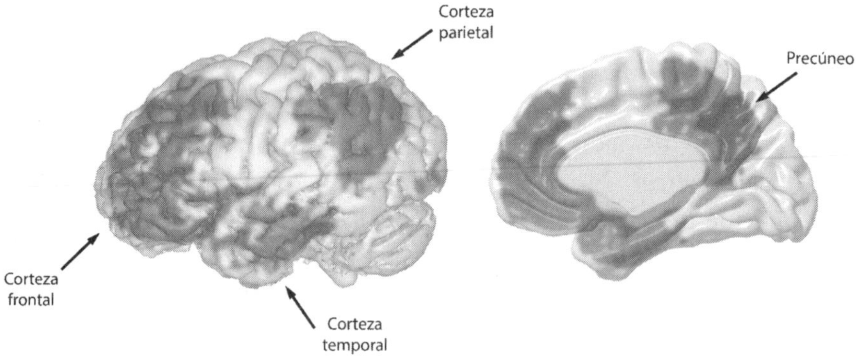

Figura 6. Red neuronal por defecto. La red neuronal por defecto es un conjunto de áreas cerebrales que se activan sobre todo en ausencia de una tarea concreta, e incluye regiones tanto externas (izquierda) como internas (derecha) del cerebro.

Antes o después, la red neuronal por defecto empieza a encenderse con más frecuencia, incluso y sobre todo cuando no debe. Decía Mark Twain que en su vida había vivido cosas terribles... que nunca habían sucedido. Así somos los humanos, equipados con un sistema de proyección poderoso, tanto que es muy difícil de controlar. El resultado es una pandemia de estrés, de ansiedad y de depresión, una pandemia crónica, posiblemente continuada desde que hemos desarrollado estas habilidades cognitivas de proyección visual y lingüística, que es el fundamento de nuestra angustia ontológica, el mal de vivir, descrito con todo detalle por todas las culturas del planeta y por todos los filósofos existencialistas.

Desde luego, puede que no sea sencillamente un efecto colateral de tanta potencia mental. Los psicólogos evolucionistas siempre nos recuerdan que somos el producto de la selección natural, orientados a la reproducción. La vida tiene cosas bellas y cosas menos agradables, pero se sabe de sobra que nos fijamos sobre todo en las segundas, y con diferencia. Esto se llama «sesgo negativo», y podría estar relacionado con una serie de adaptaciones útiles para sobrevivir: si estás en alerta continua contra todo posible peligro, tal vez vivas más que si vas despreocupado por el mundo. A la evolución le interesa que sobrevivas y te reproduzcas, más que tu relajación mental. Lo malo es que, al tener este programa tan arraigado, permanece activo incluso cuando no hay peligro. Permanece activo siempre. Todo el día. Todo el año. Toda la vida. El radar de nuestra mente siempre está buscando un posible riesgo, lo que no va bien, y lo que no es como debería ser. En algunos casos estas proyecciones, continuas e incesantes comparaciones entre lo que es y lo que me gustaría que fuese o que hubiera sido, se nos hacen bola a un nivel tan imposible de gestionar que superan un umbral de estrés tolerable, y se entra ya en una condición clínica que precisa una intervención puntual y urgente. Este umbral, clínico, desde luego no es algo fijo o establecido, sino borroso y convencional, y depende tanto del grado de aguante personal como de los criterios culturales e históricos de la sociedad. Lo que hoy es perfectamente aceptable, mañana puede ser inadmisible. Y al revés también. Pero en muchos casos, quizá en la mayoría de las personas, este umbral no se cruza, el nivel de frustración o insatisfacción se puede sostener, y el individuo sigue cargando toda la vida con su pesada (y frecuentemente angustiada) mochila, llena de imágenes y palabras que no aportan nada más que desazón y sufrimiento. Y claro, tu ego no te va a decir que todo ello es una rumiación inútil y dañina. Tu ego te va a convencer, con todo su arsenal, de que todo aquel batuqueo mental es necesario, es por tu bien, es para evitar lo que te desagrada y para alcanzar tus anhelos. Pero se ha demostrado hace tiempo que, en promedio, el grado de infelicidad e insatisfacción de una persona es proporcional al tiempo que pasa vagabundeando por sus pensamientos. Los escaneos y mapas cerebrales reflejan que una cantidad excesiva de rumiaciones, procesos autorreferenciales, estrés y ansiedad están asociados a una exuberante activación de la red neuronal por defecto. Además se ha visto que, en los meditadores principiantes o habituales, la mayoría de las prácticas que emplean mandan callar a la red neuronal por defecto y consiguen mantenerla a raya, mientras que en los meditadores más avanzados (verdaderos campeones olímpicos del proceso cognitivo), simplemente esta red ya no se activa. ¿Y cuál es el modulador que puede controlar la red neuronal por defecto? Ya lo sabemos: la atención. Resulta que, si la red neuronal por defecto es la reina indiscutible de pasado y futuro, en el presente quien manda es la atención. La red neuronal por defecto funciona mejor con las proyecciones, pero la atención funciona mejor con las percepciones. Podemos pensar que la red neuronal por defecto es donde triunfa el ego, mientras que la red atencional es donde se despliega el yo. Así que, para reducir el vagabundeo mental que aumenta el estrés y la ansiedad, tenemos que entrenar nuestra capacidad atencional, tenemos que aprender a reconquistar el presente: tenemos que volver a las percepciones, y al cuerpo.

En este sentido, es muy interesante la interpretación de John Teasdale, quien introdujo la meditación *mindfulness* en la terapia cognitiva.[7] Su propuesta es que tenemos dos sistemas cognitivos, dos formas de pensar: una *conceptual* y una *holístico-intuitiva* (Figura 7). La primera, que tal vez haya evolucionado más recientemente, emplea imágenes y palabras. Es una forma de razonar lógica y analítica, más deductiva quizá. La segunda, sin embargo, está más anclada a la percepción, en particular a los estímulos somáticos, acústicos y visuales. Es una forma de razonar más empírica, espontánea, algo más inductiva. Me pregunto si los dos sistemas, las dos formas de procesar la información, no tendrán que ver con inteligencia y sabiduría, respectivamente: dos términos colindantes cuya diferencia semántica, a pesar de escaparse a cualquier definición categórica, percibimos de forma intuitiva. La sabiduría conoce lo que es; la inteligencia, lo que debería ser. La inteligencia resuelve problemas, la sabiduría los evita. La inteligencia se asocia al conocimiento; la sabiduría, a la experiencia.

Si miramos en detalle las tres fuentes de estímulos sensoriales que sostienen el modelo de Teasdale, vemos que los estímulos visuales alimentan las imágenes del sistema conceptual, y los estímulos acústicos alimentan su parte lingüística. Así que solo los estímulos somáticos (los que recibe el cuerpo) van directamente al sistema holístico-intuitivo. Queda claro que el sistema holístico-intuitivo recurre sobre todo al sistema atencional, mientras

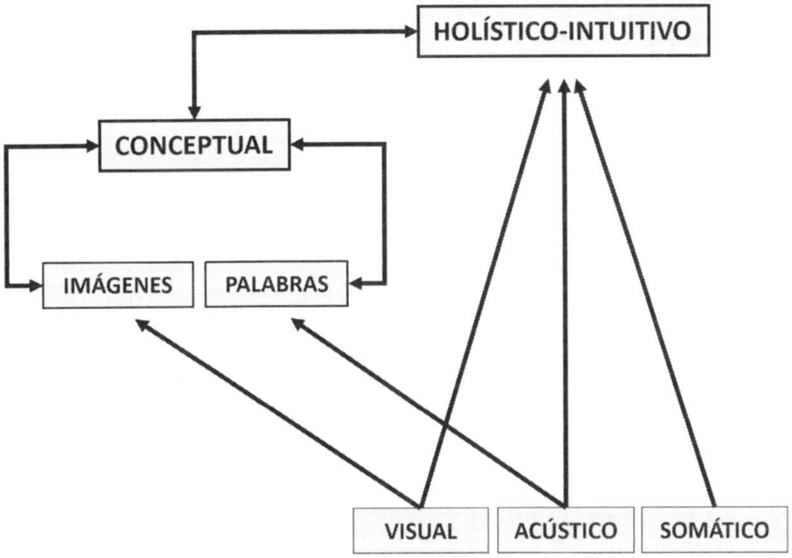

Figura 7. El modelo de Teasdale. John Teasdale propone un modelo basado en dos sistemas (o subsistemas) cognitivos: uno conceptual que procesa imágenes y palabras, y uno holístico-intuitivo que procesa las percepciones somáticas, visuales y acústicas.

que el sistema conceptual es la forma de pensar dominada por la red neuronal por defecto. Por eso lo que hay que hacer cuando este segundo sistema se hipertrofia, se hincha, y sus excesos empiezan a dar problemas es reequilibrar el sistema general, reforzando el sistema holístico-intuitivo. ¿Por dónde empezar? Está claro: por el cuerpo.

Radio Sapiens

Así pues, hemos visto que tenemos un sistema atencional más orientado a gestionar la información perceptiva, y una red neuronal por defecto que se entretiene proyectando mundos que no existen, construidos casi integralmente sobre imágenes y palabras, visión y lenguaje. Esta segunda red suele descontrolarse, exagerando su actividad, lo cual acarrea una serie de consecuencias que en algún caso pueden ser solo algo incómodas, pero que generalmente suelen volverse muy cansinas, opresivas, o incluso funestas. Intentar hacer frente a este desequilibrio no es nada fácil, porque se trata nada más y nada menos que de ir en contra de nuestra propia naturaleza. Es bastante simbólico (y paradójico) que la red que genera esta voz interna asociada a las muchas dificultades de nuestro ego se haya bautizado «por defecto», es decir, como algo que viene de fábrica, y que a veces se encuentre incluso definida con el nombre, desde luego irónico, de «estado de reposo». Un reposo que claramente poco tiene que ver con el descanso.

La proyección de imágenes y de palabras puede llegar a atascar nuestros procesos cognitivos en forma de pensamientos o emociones, disfrazándose de pasado o de futuro. Digo disfrazándose porque, en realidad, la etiqueta de «pasado» o «futuro» se la colgamos nosotros: una imagen es una imagen, y nosotros decidimos si catalogarla como pasado o futuro en función de la posición que le asignamos con respecto al momento presente. Pero una imagen es una imagen, y los sueños, sueños son. Futuro y pasado están hechos de la misma materia prima, igualmente intangible e inexistente: imágenes y palabras.

Pero, como hemos visto, la red neuronal por defecto no es la única red encargada de imágenes y palabras (Figura 8). También la memoria de trabajo obra con los mismos elementos. Ambas redes se extienden sobre todo en la corteza frontoparietal, de manera que las dos compiten por los mismos recursos cerebrales y cognitivos. Además, las dos redes trabajan *off-line*, es decir, con información que es ajena a la percepción del momento y que se almacena en algún lugar entre los recovecos de nuestra mente. Pero con al menos dos diferencias importantes. La primera, que la memoria de trabajo utiliza más bien una memoria temporal, mientras que la red neuronal por defecto emplea muchos datos de una memoria a largo plazo, más profunda y arraigada. La segunda, que aunque la memoria de trabajo maneje informaciones *off-line*, se emplea para resolver una tarea real, presente, y esto a menudo requiere atención, concentración y coherencia. Por el contrario, la red neuronal por defecto puede pasar olímpicamente de resolver tareas o problemas contingentes, y puede dedicarse integralmente al vagabundeo mental, saltando de una cosa a otra sin sentido, sin hilo, y sin que haya una retroalimentación o una respuesta con respecto a lo que está realmente pasando en el entorno presente. Y, por supuesto, de coherencia nada. De ahí su apodo «mente de mono», que le han otorgado los budistas para describir esta condición de zigzagueo errático y muy difícil de controlar, que puede condicionar dramáticamente nuestras vidas, deteriorando, en diferentes grados, nuestro bienestar y nuestra salud mental.

A raíz de esta competición por los mismos recursos, es fácil que la red neuronal por defecto entre en juego cuando no debe, robando tiempo y espacio a la memoria de trabajo. Por ejemplo, estamos concentrados en una tarea y, de repente, se nos va la cabeza hacia algo que pasó ayer o que podría pasar mañana. O, sencillamente, a lo que suponemos que tenemos que hacer en cuanto acabemos la tarea actual. El fenómeno de la «anticipación», por ejemplo, es uno de los que más desgastan nuestra atención y más desperdician los momentos que vivimos. Una gran mayoría de las

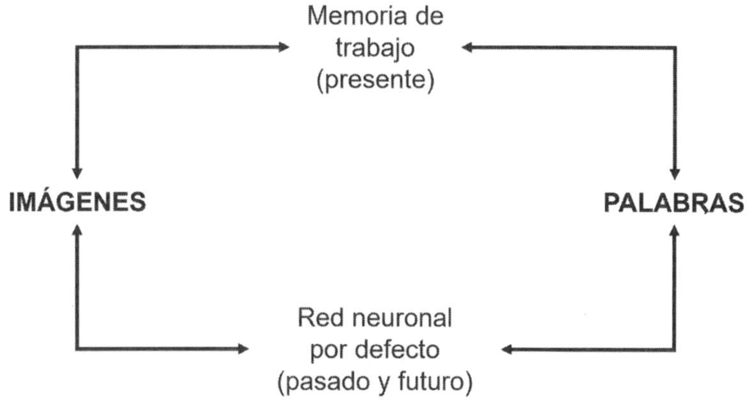

Figura 8. Imágenes y palabras. Pensamos por imágenes (escenas) y palabras (monólogos internos). Estos dos recursos *off-line* se pueden emplear en el presente (la memoria de trabajo) o en las proyecciones de pasado y futuro (red neuronal por defecto).

veces, cuando estamos haciendo algo, estamos pensando en lo que tenemos que hacer después. El mismo patrón se repetirá cuando empiece la tarea sucesiva, desincronizando continuamente nuestra vida vivida con la percibida, en una eterna persecución que, en la mayoría de los casos, solo conduce a la pérdida de la experiencia. Una pérdida que, considerando que todo momento es único, será irreparable. Recuerdo una viñeta de un hombre que piensa en las vacaciones mientras está trabajando; en el sexo mientras está de vacaciones, y en el trabajo durante el sexo: si no estamos a lo que estamos, no solamente acabamos haciéndolo mal, sino que además (y sobre todo) no lo disfrutaremos.

Continuamente, la red neuronal por defecto desconecta la memoria de trabajo, y con ello nos desgasta, y malgasta tiempo y energía. A esta constante voz interior que no calla (casi) nunca y que nos impide llevar a cabo una tarea, disfrutar del momento presente, relajarnos oportunamente y ser realmente conscientes de lo que está pasando, yo la llamo «Radio Sapiens», porque puede que sea un rasgo derivado (es decir, una especialización evolutiva) de nuestra especie. Un parloteo endógeno y compulsivo que, por un lado, representa uno de nuestros más preciados poderes cognitivos, pero que al mismo tiempo nos hace la vida imposible. Todo un éxito para la evolución, porque nos hace extraordinariamente creativos y precavidos, ingeniosos y maquiavélicos, indagadores e inquietos, previsores y circunspectos. Todo un triunfo para la evolución y para nuestro éxito reproductivo, pero demasiado frecuentemente un lastre para el individuo, que acaba pagando un precio psicológico demasiado elevado, además de innecesario.

El grado y la frecuencia de estas intromisiones y de estos robos de recursos serán proporcionales a tres factores. El primero está directamente asociado a la habilidad de proyección del individuo. Quien tiene una gran facilidad para imaginar o para generar complejos laberintos lingüísticos evidentemente será más susceptible de caer presa de sus mismas narrativas. En este sentido, es interesante considerar que, por lo menos en promedio, los hombres suelen tener mejores habilidades visoespaciales, y las mujeres mejores habilidades sociales y lingüísticas. Es posible, entonces, que en las rumiaciones de los varones puedan pesar más las imágenes, mientras que las mujeres sufran más las tormentas de los monólogos internos o de las delicadas estrategias sociales. Todo ello considerando que, de todas formas, las diferencias sexuales a nivel cognitivo, cuando las hay, son realmente mínimas y se refieren a valores medios, y la variabilidad es tan marcada que no permite previsiones individuales. El segundo factor tiene que ver con la importancia de los temas asociados al vagabundeo mental. Está claro que si uno tiene un problema gordo será más fácil que las proyecciones consigan interrumpir su flujo cognitivo. Aun así, sabemos que es muy frecuente calibrar la escala de los problemas en función de nuestra condición actual o media. Es como si nuestra mente tuviese un espacio para problemas importantes que, de una forma u otra, tiene que rellenar. Quien no tiene problemas contundentes rellenará aquel espacio con otros menores, aunque dándoles el mismo peso emocional y sufriéndolos como si fueran cruciales. El tercer factor es la capacidad de resistencia del sistema regulador y ejecutivo: la atención. Una atención mayor mantendrá más a raya las interrupciones de las rumiaciones, mientras que una atención más débil será más fácil de atacar por parte de los piratas de la red por defecto. En este caso tenemos que aceptar que pueden influir tanto los aspectos heredados (la tómbola de la genética y del desarrollo) como los hábitos, la cultura y el entrenamiento que hayamos dedicado a reforzar estas habilidades.

Además de competir por los mismos recursos neuronales (el sistema frontoparietal) y cognitivos (imágenes y palabras), las dos redes compiten también por algo mucho más crucial: el mismo cuerpo. El sistema atencional necesita del cuerpo porque se nutre en particular de las percepciones y, por ende, depende de su ancla principal: los sentidos. Pero también la red neuronal reclama el cuerpo, porque cuando proyecta a nivel espacial, cronológico, mnemónico y social lo hace utilizando el cuerpo como referencia, como monigote, como avatar. Así que entre las dos redes hay muchos puntos de contacto, muchos conflictos de intereses, y una competición constante por recursos compartidos. Y limitados.

Entonces podemos preguntarnos si es posible que, en un momento dado de la evolución humana, el equilibrio entre estos elementos sufriera una alteración consistente, por lo menos en un grado que empezara a afectar la calidad de la vida y el bienestar psicológico del individuo. No sabemos si otras especies del género humano han llegado a experimentar, en menor o mayor medida, un conflicto entre su yo y su ego, entre consciencia e imaginación, entre lo real y lo imaginado. Pero podemos suponer que, aunque esto haya llegado a pasar, no ha tenido que ser ni de lejos comparable al sufrimiento existencial tan característico de nuestra propia especie, de este *Homo sapiens* que, con su complejidad tecnológica y social, ostenta una gran habilidad atencional, pero también vigorosos recursos lingüísticos y visoespaciales, y un asombroso poder de proyección mental. Y cuando la red neuronal por defecto gana el pulso a la red atencional, el ego se afirma por encima del yo. El protagonista de la película, con su afán de chupar cámara, ha relegado la consciencia sistémica a un segundo plano, e incluso llega en muchos casos a encerrarla en una torre inaccesible defendida por los dragones de los miedos y de los deseos. Al fin y al cabo, la evolución vela por nuestro éxito reproductivo, no por nuestra felicidad. Si el vagabundeo mental aumenta el éxito reproductivo (no olvidemos que, a pesar de sus contraindicaciones, es la base de la capacidad de planear y prever, y de la mismísima creatividad), y si las rumiaciones multiplican las alertas de peligro, la selección natural aplaude, a pesar de que estas mismas adaptaciones arrastren al ser humano hacia el barranco de una ansiedad ontológica.

Yo no soy mi precúneo

Ya hemos mencionado que un elemento macroscópico de los lóbulos parietales que se puede haber expandido en nuestra especie es el precúneo, hundido en la parte superior y profunda de los lóbulos parietales. A principios del siglo pasado se le otorgó mucha importancia a la anatomía cerebral, hasta el punto de pensar que se podían pronosticar con cierta precisión los rasgos mentales de una persona por los giros y surcos de su corteza. La frenología fue una disciplina que pretendía hacer inferencias acerca de ciertos aspectos cognitivos de una persona a partir de la forma del cerebro, o incluso del cráneo. Ahora estos planteamientos nos parecen simplistas e ingenuos, pero no olvidemos que hoy en día estamos usando la misma aproximación reduccionista con las disciplinas moleculares, intentando predecir complejas funciones biológicas (o el mismísimo futuro) a partir de un puñado de genes o de secuencias de aminoácidos. Tal como en el caso de la anatomía y de la morfología, a veces este reduccionismo puede funcionar, aunque en general las cosas son definitivamente más complicadas, y simplificar demasiado puede distorsionar mucho la perspectiva, y hacer que se pierda toda la información que está íntimamente asociada al conjunto, más que a sus elementos. Los excesos simplistas de los frenólogos se pagaron con el descrédito, pero tampoco podemos creer que no haya ninguna relación entre forma y función. En el caso del precúneo, su función está relativamente clara: integra la información somática con la visual. Su región más anterior se dedica casi exclusivamente a la parte corporal; su región más posterior, prácticamente solo a la parte visual, y en su región central, estos dos gradientes se entremezclan suavemente. Primero, si los humanos modernos tenemos un precúneo tan grande, cabe pensar que este cambio se tiene que haber asociado a alguna función concreta. Segundo, si su función se limita a la integración entre cuerpo y visión, no es descabellado pensar, según el principio de parsimonia (la famosa «Navaja de Ockham», es decir, la llana consideración de que la explicación más simple suele ser la más probable), que este aumento de proporciones se pueda asociar a un aumento de la capacidad o de la complejidad de integración entre cuerpo y visión. Además, su región más profunda se enlaza precisamente con áreas que son el núcleo de la red por defecto, un puente hacia la memoria episódica. El precúneo podría ser, entonces, parte fundamental precisamente de aquel proyector que, cuerpo y ojo mediante, genera la película, la historia de mi vida, una secuencia de imágenes en el tiempo y en el espacio, donde un personaje (el ego) se desenvuelve como protagonista central y absoluto del hilo narrativo. Y ya está montado el sarao. Gran proyector, gran historia, con un ingente rango de extensión cronológica y con muchos detalles. Tantos colores y tanta novela saturan el horizonte cognitivo, y dejan atrás nuestras fantásticas habilidades atencionales, excelentes y poderosas, pero no tanto como para poder equilibrar un modo por defecto tan desarrollado y obsesivo, ni un sistema conceptual tan sofisticado y pedante. El resultado está frente a nuestros ojos: el éxito reproductivo más asombroso que un primate haya alcanzado nunca (¡ocho mil millones de individuos!) a costa de una ansiedad existencial profunda, de un sufrimiento continuo, y de una insatisfacción crónica. Cada uno en mayor o menor grado, puede que estemos sufriendo la contrapartida de nuestras poderosas armas evolutivas. Y aunque el grado pueda ser menor o mayor, nunca es agradable, nunca es liviano, y nunca pasa desapercibido.

No podemos saber cómo se han producido los cambios biológicos que nos han traído a esta situación, si ha sido todo una cuestión de genes, de retroalimentación con la complejidad cultural a raíz de nuestra extraordinaria plasticidad cerebral, o si han arrancado mecanismos evolutivos más complicados que no hemos llegado a aclarar.[8] Sea como fuere, esta voz interna que proyecta imágenes y palabras, que cuenta historias, que desarrolla recuerdos maquillados y futuros improbables, no se calla un momento. Radio Sapiens está activa todo el día, y el sueño es tal vez la única solución para apagarla momentáneamente. El resto del tiempo está ahí, siempre imaginando, rumiando, confabulando, infiriendo, suponiendo. A veces está al servicio del yo, pero la mayoría de las veces está al servicio del ego. A veces acierta, pero muchas veces no, y sus predicciones, convicciones y prejuicios son falaces y dañinos, al encerrar la mente hacia un horizonte estrecho y contaminado. En algunos casos llega a condenar al individuo al suplicio, pero en muchos otros se limita simplemente a hacerle la vida muy difícil. Lo cual puede ser peor, porque cuando un mal es tolerable, se sigue tolerando sin más, sin buscar soluciones o alternativas.

Como hemos dicho, el grado de invasión de la rumiación depende de muchos factores, que incluyen la importancia de sus contenidos y la habilidad atencional de una persona. A menos que se ponga remedio, suele aumentar con los años, aunque la variabilidad individual es muy amplia. Y, cuando el ego es tan preponderante que sustituye al yo, el individuo ya no es consciente de que ha habido una suplantación. Se cree que su forma de vivir y de reaccionar es la normal, la debida, la elegida, que no hay ningún problema, y que si lo hubiera, seguro que sería culpa de los demás. Es el *Matrix* descrito por Robert Wright, donde la selección natural ha diseñado una vida virtual, vivida a través de un avatar llamado ego, proyectado en un espacio imaginado, pero interpretado como real. Si acabo viviendo las proyecciones de mi sistema lingüístico y visoespacial, si me creo la narrativa proyectada por mi precúneo, si me identifico con el personaje de este guion, puede que acabe viviendo una vida que ya no es mía, cumpliendo con un papel que no me gusta y no me aporta, y que perpetro solo por automatismo porque, al fin y al cabo, nadie me está obligando a acatarlo. Un espejismo que funciona muy bien a la hora de competir por los recursos ecológicos y dejar mucha descendencia, pero que suele limitar y desgastar el equilibrio cognitivo del individuo.

Pero la evolución ha hecho lo suyo, no lo olvidemos. Su prioridad no es nuestro bienestar, sino nuestro éxito reproductivo, y con este cometido ha cumplido de sobra. Si el resultado no nos agrada, si el sufrimiento o la insatisfacción que esto nos acarrea no nos parece adecuado, si creemos que nos merecemos otra calidad de vida, tenemos que encargarnos nosotros. Tenemos que intentar entender los límites de la evolución y, en la medida de lo posible, paliarlos. El bienestar de la especie es cosa de la selección natural; el bienestar de los individuos es cosa de los individuos. Y esto, por sí solo, no se arregla: hay que implicarse, hay que actuar. Lo cual no quiere decir necesariamente *hacer*. De hecho, si algo se ha desarrollado en una dirección que no nos conviene, lo que hay que hacer es, precisamente, *deshacer*.

4

El mono dormido

Atención y salud

El cuadro evolutivo de *Homo sapiens* parece, entonces, algo implícitamente conflictivo, donde muchos factores se han ido ajustando como han podido, aumentando su complejidad y potencialidades a costa de unos efectos secundarios que, si bien no afectan al éxito reproductivo, pueden desgastar la calidad de vida de las personas. La red neuronal por defecto es una radio encendida continuamente, la Radio Sapiens que puede amenazar sin parar el bienestar mental del individuo, a veces de una forma sutil y cansina, a veces de forma exuberante y problemática. Es un arma muy poderosa a la hora de recordar, prever e imaginar, lo que la convierte en una de las claves principales de nuestro éxito como primates y de nuestra complejidad social, tecnológica y, por supuesto, artística y creativa. Pero se pasa de la raya continuamente, viendo problemas donde no los hay, generando peligros que no existen, amplificando dudas y miedos, y exponiendo el sistema emocional a una inestabilidad crónica. Esta red compite con nuestra memoria de trabajo por sus recursos principales: imágenes y palabras. Con lo cual es fácil que, cuando un estímulo interno o una rumiación son muy fuertes, o cuando la atención es escasa, la red por defecto parasite a la memoria de trabajo, quitando tiempo y energía a nuestro sistema cognitivo. Y nuestras tareas presentes se ven continuamente interrumpidas por vagabundeos mentales, emociones o pensamientos aleatorios e innecesarios. La imaginación compite también con el sistema atencional por los recursos neurales (el sistema frontoparietal) y por algo que es central en nuestro andamio mental: el cuerpo. La imaginación necesita el cuerpo como referencia espacial, temporal, mnemónica y social, y la atención necesita el cuerpo porque es la interfaz activa de los sentidos. En este conflicto suele ganar la imaginación, que aboca así al individuo a sufrir una merma del momento presente y a un aplastamiento emocional entre proyecciones de pasado y de futuro que se hacen cada vez más contundentes, pesadas, y demandantes. El superpoder de manejar muchas imágenes y muchas palabras en un espacio virtual, *off-line*, se nos vuelve en contra, y nos destina a una existencia que oscila peligrosamente entre el agobio y la depresión. Es como montar el motor de un Ferrari en un Seat 600: el coche va como un cohete, pero es posible que la estructura no aguante, y sobre todo que, en el momento de tener que parar, los frenos no sean capaces de detener el impulso. Como decía Edward Wilson, el entomólogo promotor de la sociobiología, el problema del ser humano es que tenemos la tecnología de los dioses, las administraciones de la Edad Media, ¡y las emociones paleolíticas! Una mezcla que, a bote pronto, no promete nada bueno. Hemos evolucionado a medias, y a menudo con parches, y puede que esta combinación no siempre funcione bien para todo. Somos como aquellos renacuajos que ya tienen patas pero todavía no han perdido la cola, y los dos sistemas de locomoción se estorban mutuamente, lo que impide un movimiento fluido y expone al bichito a ser presa fácil del primer depredador que pase. Algunas cosas han evolucionado mucho, y otras menos, y el desequilibrio es perfectamente tolerable para la evolución, pero muy dañino para la salud mental del individuo.

Y en realidad, todo ello no es sino el problema menor, porque hay otro de fondo, mucho más peligroso y profundo: el no saber que hay un problema. La selección ha diseñado seres orientados a la reproducción, equipándolos con una serie de programas automáticos con este único objetivo. Estos programas incluyen miedo, agresividad, preocupación, afán, rencor, expectativas, deseos, aversiones, y una larga serie de respuestas reactivas e instintivas que, por ende, acaban interpretándose como respuestas «normales». El yo y el ego son como el doctor Jekyll y míster Hyde, y cuando el primero se transforma en el segundo, se pierde la autoconsciencia, y el cerebro acaba siendo un esclavo abducido por las reacciones (o más bien por las secreciones) automáticas. Al no ser consciente, el ego solo es capaz de reaccionar, protegiéndose o atacando a lo que quiera que choque con sus anhelos o con sus desagrados. En su histórico libro *Tus zonas erróneas* (Grijalbo, 1980), Wayne Dyer nos recuerda que emociones como el enfado, la ofensa o la decepción siempre se achacan a un agente ajeno («los otros»), cuando sin embargo son estados de ánimo generados por quien los padece. Decimos «me ha hecho enfadar», «me ha ofendido» o «me ha decepcionado» otorgando la fabricación de esta sensación a alguien, cuando sin embargo son condiciones que hemos generado nosotros mismos (yo me he enfadado, yo me he sentido ofendido, yo me he decepcionado). Pero, mientras que el yo es capaz de entender que lo bueno y lo malo se refieren a mi propia forma de responder a lo que ocurre, el ego carece de esta capacidad, y juzga continuamente en función de las reacciones automáticas que le ha implantado la selección natural. La formación de este ego con todas estas cualidades es gradual y subrepticia, y pocos se dan cuenta de la metamorfosis. El enfado, el agobio, el anhelo compulsivo, todo ello se interpreta como lo que tiene que ser, y nos pasamos la vida esclavos de una inestabilidad emocional y de un vagabundeo de pensamientos y elucubraciones que consideramos implícitos y naturales. Porque, de hecho, son implícitos y naturales, lo cual no quiere decir que sean beneficiosos, o que sean la única posibilidad que tenemos de vivir nuestra vida. El sistema social pone algunos límites, y en muchas culturas enfado, agobio o anhelo compulsivos se presentan como aspectos negativos que hay que aprender a controlar. Pero, primero, se aceptan y se toleran como elementos tácitos de nuestras relaciones; y, segundo, incluso se aprovechan y se fomentan por parte de mercantes y políticos, para generar clientes y electores fáciles de manipular y de controlar. Desde luego, casi nunca se llega a poner en discusión la pulsión primera y última, es decir la reproducción, que tiene raíces instintivas tan profundas que son casi imposibles de reconsiderar, incluso en una sociedad que sufre las consecuencias de la superpoblación. De hecho, la pregunta «¿por qué quieres reproducirte?» es un tabú en nuestra cultura, y las respuestas son frecuentemente tautológicas («porque quiero tener hijos») o descaradamente centradas en el ego (necesidades personales asociadas a la pulsión de tener alguien que depende de ti, a carencias afectivas, a la ilusión de una pseudoclonación que suena a inmortalidad, a la urgencia de arreglar una relación de pareja que flaquea, o implicadas en la aceptación social por parte del grupo). Nadie parece ser consciente de que la reproducción es una obsesión programada evolutivamente, y muchos intentan dar una respuesta lógica que, por no tener base lógica, acaba sonando patentemente a escusa. Esta programación se pone de manifiesto especialmente a partir de una cierta edad, cuando el reloj biológico inicia su tiempo de descuento, hasta el punto de que muchos de quienes no logran satisfacerlo padecen sentimientos de frustración, fracaso, falta de sentido o incluso llegan a caer en depresión. Y claro, aquí no se pretende criticar la pulsión reproductiva, sino solo ponernos en guardia contra todos los mecanismos automáticos que consigan sortear los filtros de la autoconsciencia, ya se interpreten como perjudiciales (agresión, agobio) o como nobles (la reproducción). Si son inconscientes, si son automáticos, si la mente o el yo no tienen poder sobre ellos, si son reacciones incontrolables y compulsivas del ego, habría que considerar la posibilidad de elegir alternativas más saludables, tanto para el individuo como para la sociedad.

Y como hemos visto, el cuello de botella que puede determinar la gravedad de la situación, el factor limitante que puede decidir hacia dónde cae la aguja de la báscula, es la atención. La atención es la base del sistema ejecutivo que maneja palabras e imágenes, que escoge entre alternativas, y sobre todo que nos hace *conscientes* (en el sentido de *awareness*) de lo que está pasando. No es de extrañar, pues, que la mayoría de las prácticas orientadas al desarrollo personal sean en realidad entrenamientos atencionales. Así como no es de extrañar que la mayoría de las estrategias para controlar a las personas (ya sea por parte de magos, de políticos o mercantes) pasen por una merma (o un engaño) del sistema atencional.

Ya hemos mencionado el libro *El valor de la atención*, donde Hari identifica una serie de factores que están achicando nuestra capacidad atencional: el aumento de la velocidad de los estímulos que impiden un adecuado procesamiento y filtrado de la información, las interrupciones continuas de nuestros procesos cognitivos, el cansancio físico y mental, el decremento de hábitos que requieren una concentración sostenida (como la lectura), el aumento exponencial de los estímulos de divagación, la tecnología y sus amos, el estado de alerta constante, la dieta, los contaminantes ambientales, y la forma de criar a los hijos en una burbuja de protección y ausencia de retos. Ahora bien, no hay un acuerdo cierto sobre si —y cuánto— esta situación, indiscutiblemente grave, está empeorando una condición de sufrimiento general, de *dukkha* mundial. Desde siempre se han empleado todo tipo de tretas para controlar la atención de la multitud. «Pan y circo», como decían los romanos: el pan para que no se mueran, y el circo para que no se quejen, para que se desahoguen de una forma emocional e inconsciente, desahogo necesario para tener controlada su atención y para manipular sus prioridades. Hoy el circo puede ser el fútbol multimillonario, una música chabacana, la escenografía de un centro comercial o el continuo bombardeo de imágenes de la publicidad y de las redes sociales. Todo vale. Todo sirve. Y todo funciona, cuando el individuo no cuenta con un sistema atencional y consciente suficientemente desarrollado.

A pesar de las dificultades que podemos encontrar a la hora de intentar medir la atención o sus componentes, hoy en día disponemos de muchas evidencias que delatan una correlación entre la capacidad atencional y muchos índices de bienestar personal, social y profesional. A pesar de ello, en nuestra sociedad prácticamente hasta la última década no se había empezado a considerar la importancia de la habilidad atencional a nivel escolar. Las propuestas son todavía bastante tibias y, sobre todo, están más orientadas a los casos extremos (para bien y para mal, hay mucha propaganda sobre el trastorno por déficit de atención con hiperactividad, el TDAH), mientras que por lo que atañe a la «población normal» se deja que la atención se desarrolle casi por sí sola, dejando estos sistemas nerviosos imberbes al azar de sus entornos, y a los efectos de sus móviles, de sus ídolos tóxicos y de sus centros comerciales. Evidentemente, estos músculos de la atención al final no se desarrollan suficientemente, y se quedan raquíticos y enclenques, con todas las consecuencias que esto acarrea.

Siento, luego existo

Una habilidad muy importante de la consciencia (en el sentido de *awareness*) consiste en saber enfocar la atención en el propio proceso cognitivo, o sea, lo que a menudo se llama «metacognición». Como hemos dicho, uno puede prestar atención tanto a un sonido o a una sensación como a sus pensamientos y emociones, y ser consciente de una experiencia sensorial pero también de sus propias dinámicas mentales. Desarrollar la atención no solamente permite desarrollar una mejor habilidad de percatarse de lo que sucede ahí fuera, sino también de enterarse de lo que pasa aquí dentro. Si interpretamos la respuesta mental como una cadena de eventos, entonces lo primero será ser capaz de reconocer estos eventos. Sin olvidar la complejidad de esta cadena cognitiva, puede ser útil representarla como una serie de, por lo menos, cuatro elementos: percepción, sensación, emoción y pensamiento (Figura 9). La *percepción* es el reconocimiento sensorial de un evento. En realidad, tenemos que asumir que tiene un componente senso-

Percepción → **Sensación** → **Emoción** → **Pensamiento**

Figura 9. La cadena cognitiva. Puede ser útil considerar el proceso mental como una cadena de percepciones, sensaciones, emociones y pensamientos. Es importante desarrollar una capacidad atencional suficiente para adquirir consciencia de la separación de estos elementos, así como de sus interacciones.

rial (los sentidos) y uno cerebral (la descodificación del estímulo sensorial). Con *sensación* (o sentimiento), a menudo nos referimos a nuestra respuesta directa, que puede ser positiva, negativa o neutra. Las positivas están asociadas a agrado y placer; las negativas, a desagrado y rechazo, y las neutras acaban cayendo en un saco roto y a menudo pasan desapercibidas.[1] La *emoción* es nuestra construcción reactiva a lo sucedido, donde la sensación se mezcla ya con el ego y con una historia, y genera estados de ánimo. El *pensamiento* es una formación estructurada del análisis de lo ocurrido, recurriendo a imágenes y palabras, a conceptos y a proyecciones. Ahora bien, el problema aparece, en diferentes grados, cuando esta cadena sufre dos defectos en el procesamiento de su secuencia. Primero, estos cuatro elementos empiezan a influirse entre sí. Los pensamientos fomentan ciertas emociones, y las emociones empiezan a alterar las sensaciones, que a su vez perturban las percepciones. Esta retroalimentación aumenta exponencialmente, y genera un escenario muy difícil de desenredar, e imposible de controlar. Segundo, los elementos se acercan demasiado el uno al otro, el proceso se acelera y los tiempos se acortan, con lo que se reduce la posibilidad de intervención en la cadena de influencias. Como resultado final, los cuatro elementos se entremezclan y se confunden, el individuo no es consciente de que son pasos distintos, se hace un batiburrillo de todos estos impulsos desordenados, y en el caos mental lo único que surge al final es una respuesta automática, instintiva, programada, aturrullada, animosa y confusa. Ha ganado la selección natural. Ha perdido el individuo. Sobre todo en calidad de vida. Y es aquí donde una atención suficientemente desarrollada puede intervenir para romper el hechizo, y para interrumpir la cadena automática y reactiva. Una adecuada habilidad atencional, ejecutiva y consciente es necesaria para lidiar con ambos problemas. Por un lado, hay que percatarse de cuándo un elemento está influyendo en el otro. Al mismo tiempo, hay que ralentizar el proceso, generar un espacio entre sus elementos, un espacio incluso temporal, que permita discernirlos y separarlos lo suficiente como para poderlos reconocer. En la medida en que uno sea capaz de llevar a cabo esta separación, será capaz de decidir. Decidir lo que le viene bien y lo que no. Decidir si el proceso le sienta bien o, al revés, si es mejor cortarlo en un punto para mejorar la propia condición, o para limitar los daños cuando no sea posible hacerlo mejor. Es decir, la atención es el elemento clave de un proceso que es fundamental para conocer tanto lo que pasa fuera como lo que pasa dentro: saber observar.

Espacios de la mente

Como hemos venido considerando, es posible que los humanos modernos suframos algunos efectos secundarios a raíz de nuestros superpoderes cognitivos, seleccionados por la evolución en virtud de lo que aportan a nuestro éxito reproductivo, pero que son perjudiciales para nuestro bienestar mental. Sin embargo, como hemos dicho, el problema no radica en estos superpoderes en sí mismos, sino en sus excesos, que en general se deben a un uso poco consciente de sus recursos. Toda especialización implica un riesgo. Los pájaros se han especializado en volar, y esto caracteriza su nicho ecológico, sus adaptaciones, y su éxito evolutivo como grupo zoológico. Pero claro, el vuelo es difícil de controlar, y unos cuantos acaban malheridos o muertos tras chocarse con una roca o con un árbol durante un día de viento, o por un mero descuido debido a una bajada de atención. Desde luego, sería absurdo que, por miedo a este peligro, un pájaro decidiese no volar. En nuestro caso, sufrimos los excesos de la red neuronal por defecto y del modo de razonamiento conceptual porque esta es nuestra especialización: acabamos estrellados contra nuestra propia mente. Desde luego, sería absurdo para un humano decidir prescindir de estos recursos, que son nuestra gran apuesta evolutiva. Lo que hay que hacer es saber usarlos apropiadamente, con atención, con consciencia, despacio y con sosiego, sobre todo en los días en que soplan los fuertes vientos emocionales.

No es de extrañar que las prácticas meditativas de todas las épocas, a pesar de ser «prácticas» (es decir, centradas en la experiencia y en el empirismo) tengan de todas formas un enorme trasfondo teórico, lógico y conceptual. Lo cual se traduce en intentar usar nuestro intelecto para lidiar con sus propias consecuencias. Es la estrategia del caballo de Troya: reconociendo nuestra necesidad de conceptos y nuestra destreza con la lógica, se trata de usar estos mismos recursos para entrar en sus propias falacias y lidiar con sus trampas. Y, en los últimos cincuenta años, las prácticas meditativas tienen también un consistente respaldo científico, que se basa en números y estadísticas. Así que, intentando sortear los riesgos y engaños de los conceptos, de las palabras y de las imágenes, viene muy bien desarrollar modelos y representaciones que nos ayuden, precisamente usando nuestras especializaciones mentales, a enfocar el problema, la situación, y las posibles alternativas.

Sin olvidar que la pluma es más peligrosa que la espada, y que una imagen vale más que mil palabras, voy a recurrir aquí a tres esquemas propuestos, respectivamente, por un psicólogo, una monja budista y un psiquiatra, para explorar bajo prismas diferentes una pregunta que debería hacerse cualquier humano y también cualquier pájaro, para evitar chocarse contra los límites de nuestros respectivos superpoderes: «¿Dónde estoy?».

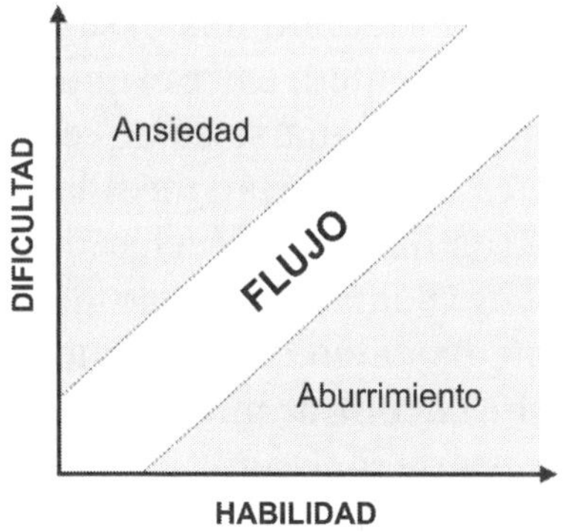

Figura 10. Flujo. Mihály Csíkszentmihályi propone el estado de flujo como equilibrio entre la dificultad de una tarea y las habilidades que tenemos para llevarla a cabo. Si estos dos parámetros no se equilibran, se genera ansiedad o aburrimiento.

El primer concepto lo desarrolló Mihály Csíkszentmihályi, un psicólogo estadounidense de origen húngaro que trabajó toda su vida en el concepto de «flujo»[2] (Figura 10). El concepto es muy sencillo: si nos implicamos en una actividad demasiado fácil para nuestras habilidades, nos aburrimos, mientras que si nos implicamos en una actividad demasiado compleja para nuestras habilidades, nos agobiamos. Sin embargo, si estamos llevando a cabo una actividad adecuada para nuestras habilidades, podemos entrar en un «estado de flujo», una condición donde estamos a gusto, donde nos sentimos bien, donde el tiempo corre sin que nos demos cuenta, donde estamos atentos y concentrados en un reto que nos absorbe y nos gratifica. Es un reto que, considerando nuestras capacidades, no es ni demasiado complicado ni demasiado automático, que nos centra, nos desafía sin estresarnos excesivamente, y nos recompensa con logros que alimentan nuestra motivación. Este estado de flujo lo podemos encontrar tanto en un *hobby* como en nuestro propio trabajo o en una relación, y es la condición óptima para despertarse por la mañana con ganas y con energía. Evidentemente, este equilibrio la mayoría de las veces (en realidad siempre) depende de nosotros. Si nos aburrimos, habrá que aumentar la dificultad del reto. Si nos agobiamos, habrá que disminuir la dificultad del reto, o bien aumentar nuestras habilidades. Desafortunadamente, los estudios de Csíkszentmihályi sugieren que demasiadas personas se pasan una vida entera entre el aburrimiento y el agobio, no haciendo nada para posicionarse en aquella franja de flujo tan satisfactoria y placentera que, en gran medida, depende de nuestras decisiones y de nuestros hábitos.[3] Huelga decir que ni el aburrimiento ni el agobio respaldan un modelo de vida satisfactorio, y que en general siempre hay algo que podemos hacer para acercarnos, propiciar o llegar a encontrar nuestro estado de flujo. Así que, de vez en cuando, no estaría mal mirar a este esquema y preguntarse: «¿Dónde estoy? ¿Por qué? ¿Qué puedo hacer para mejorar mi motivación?».

El segundo esquema (Figura 11) es de Pema Chödrön, una monja budista norteamericana que ha aportado muchísimo a la divulgación y a la enseñanza de la meditación en nuestra socie-

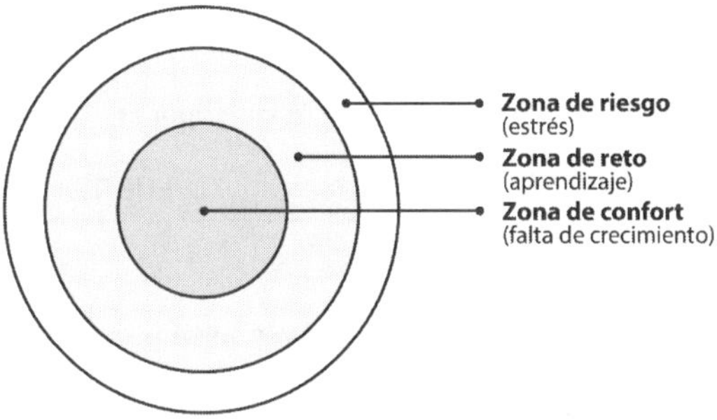

Figura 11. La zona de confort. Las tres zonas descritas por Pema Chödrön, zonas que habría que expandir oportunamente, aunque con cuidado.

dad. Su esquema tiene algo en común con el modelo de Csíkszentmihályi, aunque considera algunos aspectos distintos. En el centro del esquema hay una zona de confort, un ámbito donde controlamos lo que pasa y estamos bien. A pesar del placer que puede proporcionar, ahí dentro no pasa nada nuevo, con lo cual no hay crecimiento, no hay estímulo, no hay novedad. Fuera de la zona de confort hay una zona de reto, parecida a la zona de flujo de Csíkszentmihályi. Es aquí donde hay aprendizaje. Es aquí donde, a pesar de tener menos seguridad, se puede dar el crecimiento, asociado a una sensación de vitalidad y de cambio. Finalmente, fuera de esta zona, hay una zona de riesgo excesivo, donde pasan cosas para las cuales no estamos preparados, donde no hay aprendizaje porque la mente sufre un estrés excesivo, donde puede haber traumas. Ahora bien, estas áreas no son fijas, sino que cambian con el tiempo. Estar en la zona de confort puede sentar bien, pero si uno se queda ahí demasiado tiempo se reduce, se contrae. Asimismo, la zona de reto se contrae con ella, y la de riesgo también. Lo que ayer era confort, pronto será reto. Lo que ayer era reto, hoy puede ser trauma. No ejercitar estas zonas se convierte progresivamente en una atrofia de tus propias posibilidades, achicando el mundo que te rodea, aumentando las causas de estrés, y disminuyendo el potencial de la persona. Al revés, frecuentar la zona de reto expande todo el conjunto. Lo que hoy es reto mañana será confort. Lo que hoy es riesgo mañana será un nuevo reto. Fantástico.

Figura 12. Calma y fuerza. Este gráfico resume una idea de Christophe André, que nos invita a considerar nuestros estados de ánimos en función de la condición de fuerza/fatiga y de calma/tensión en que nos encontramos en un dado momento o en un período de nuestra vida.

El tercer esquema (Figura 12) se basa en unos principios presentados por el psiquiatra francés Christophe André[4] en su iluminador libro *Los estados de ánimo* (Kairós, 2010). André considera dos categorías de opuestos: fuerza y fatiga, frente a calma y tensión. A mí me gusta razonar con estas parejas de opuestos poniéndolos en dos ejes gráficos, para que generen cuatro cuadrantes. El estado de fuerza y calma es evidentemente el estado óptimo. Una condición de poderoso sosiego, de atención despierta pero relajada, de control sereno y gozoso. Sin embargo, si tenemos energía (fuerza) pero estamos tensos, desarrollaremos un estado de estrés. Lo cual se tolera bien durante períodos breves, pero es altamente nocivo a largo plazo. Si estamos fatigados pero calmos, sufriremos una condición de apatía. Es una condición que se vuelve crónica con cierta facilidad, y lleva al retraimiento, al abandono y, si cruza el umbral clínico, conduce a diferentes formas y estados de depresión. Finalmente, cuando estamos sin energía y además tensos, acabaremos, antes o después, agotados. El cuerpo se derrumba, el cerebro se derrumba, la mente se derrumba. Entre las muchas reflexiones que estimula esta perspectiva, es muy interesante la diferencia entre fuerza y tensión, dos condiciones que muchas veces se confunden en nuestro sentir fisiológico. Un ejemplo muy difuso es el uso que hacemos en nuestra sociedad del café, cuyo efecto interpretamos como fuerza, cuando sin embargo es solo un aumento de tensión. También en el caso de este modelo no viene mal preguntarnos de vez en cuando dónde estamos y, si es que no nos gusta la respuesta, plantearnos cómo hemos acabado ahí.

Es muy útil reconocer que nuestra posición dentro de estos gráficos (como ocurre con todos los aspectos de nuestro bienestar mental) se ve influida por dos factores: nuestra condición interna y nuestra condición externa. A pesar de que, como hemos visto, la piel es una frontera algo convencional para separar estos dos mundos, puede venir bien distinguir los dos campos porque los cuidados que precisan son distintos, aunque complementarios. La condición interna se refiere, evidentemente, a nuestra actitud, nuestras habilidades mentales, que tenemos que cuidar y entrenar oportunamente, no dejando que el azar, la sociedad o la selección natural decidan en nuestro lugar. No podemos aspirar a que nuestras habilidades cognitivas se puedan afinar y forjar sin ningún tipo de entrenamiento, así como sería ingenuo pretender conseguir unos músculos poderosos sin comprometernos con una gimnasia adecuada. Así que este primer aspecto tiene que ver con el cuidado que dedicamos a desarrollarnos psicológicamente.

Por su parte, la condición externa la constituyen nuestros hábitos y nuestro entorno. La dieta, el sueño, el ejercicio físico, el medioambiente, los contaminantes o las relaciones sociales tienen un peso incuestionable en el nivel de energía y de calma que nuestro metabolismo procesa y establece. La alimentación es la base de nuestros procesos metabólicos. La actividad física es necesaria para impulsar y equilibrar toda la maquinaria biológica de nuestro cuerpo. Dormir es un proceso tan necesario que su privación acaba desgastando todos los aspectos de nuestra fisiología. La cronobiología nos enseña que conocer y favorecer nuestros ritmos endógenos es esencial para mantener todos los equilibrios bioquímicos del cuerpo.[5] Y, finalmente, para un primate, el grupo social es imprescindible: una red personal pobre o incluso dañina puede llegar a desequilibrar cualquier intento de desarrollo personal. Toda relación sana proporciona una nutrición y una motivación necesaria para el desarrollo personal. Al mismo tiempo, sabemos de sobra que frecuentar personas tóxicas no solamente desgasta psicológicamente, sino que además estimula una larga serie de hormonas y neurotransmisores que llevan al cuerpo al colapso funcional.

Así que, para cuando uno descubre que no le gusta su posición en estos esquemas, he aquí una receta muy clara: entrenar habilidades cognitivas y modificar los hábitos y el entorno, en la medida en que el resultado sea satisfactorio con el bienestar y con la satisfacción personal. Desde luego, ambos factores van íntimamente de la mano, y lo suyo es trabajar en los dos frentes. Por un lado, actuar solamente sobre uno de ellos no funciona bien porque el otro, si está dañado, seguirá contaminando todo el sistema. Al mismo tiempo, es muy probable que los dos aspectos se refuercen el uno al otro: mejorar el equilibrio interno conducirá de forma casi automática a una limpieza de los hábitos y del sistema externo, y trabajar sobre el entorno facilitará la posibilidad de llevar a cabo un crecimiento introspectivo. De hecho, a estos dos niveles solo los separa la piel, que no es nada más que una fina capa de células totalmente permeables a la vida.

Buscando el norte

Ya hemos comentado que, en los tres gráficos mencionados anteriormente, uno debería preguntarse con cierta frecuencia: «¿Dónde estoy yo?». Además, se puede plantear refiriéndose a momentos cronológicos distintos: «¿Dónde estoy ahora mismo? ¿Dónde he estado en estos últimos tiempos? ¿Dónde he pasado una cierta etapa de mi vida?». Y, por supuesto: «¿Por qué? ¿Cómo he acabado aquí?». Desde luego, los mismos gráficos se pueden aplicar también a nuestro entorno social, para explorar en qué parte de estos gráficos se hallan las personas con las que nos relacionamos, a las que queremos, con las que trabajamos, las que nos hacen bien y las que nos hacen daño. Pero estas preguntas tienen sentido solo y cuando se cumplen dos premisas, que parecen obvias pero no lo son.

La primera es saber observar. Es inútil buscarse en estos espacios si uno no sabe observar. Si los ojos están mal calibrados, sesgados, o atrofiados. Y la cuestión no es baladí porque... ¡todos creemos ser buenos observadores! El mal observador, muchas veces, no es consciente de serlo. Tampoco es una cuestión de todo o nada, porque en general no hay observadores buenos y malos desde todos los puntos de vista. La mayoría estamos en una escala intermedia, donde a pesar de nuestras habilidades de observación tenemos de todas formas unos cuantos sesgos, prejuicios, y distorsiones. Sesgos, prejuicios y distorsiones de los que no somos conscientes, y acabamos confiando ciegamente (nunca mejor dicho) en lo que nos dicen nuestras emociones y pensamientos, esclavos al servicio de la selección natural. Entonces, lo primero que hay que hacer antes de intentar contestar a aquellas preguntas (o de creernos ingenuamente las repuestas) es mejorar todo lo que podamos nuestras habilidades de observación. Y esto pasa necesariamente por un entrenamiento, continuo e infinito, de nuestra capacidad atencional, de nuestra capacidad de separar los elementos de la cadena cognitiva, de nuestra capacidad de no sufrir los acosos de los instintos evolutivos, de las exigencias sociales, o de las inquietudes compulsivas de nuestra mente. Si no hemos limpiado nuestra mirada, las conclusiones sobre dónde estamos serán inevitablemente equivocadas, y la ruta de viaje nos puede llevar a perder mucho tiempo, y a enmarañar todavía más nuestra posición.

La segunda premisa, también aparentemente obvia, es que se supone que estas preguntas y estas respuestas sirven para mejorar nuestro bienestar y nuestra calidad de vida, con lo cual, después de un análisis, requieren emprender una acción. O, mejor dicho, un cambio. Si ahora mismo algo va mal, algo tendrá que cambiar para que la mejoría suceda. Si no cambia nada, no hay mejoría. Y es aquí donde, después de las quejas y de las denuncias contra lo que funciona, todo el mundo invoca un cambio... ¡ajeno! Se achacan los problemas al jefe, a la sociedad, a la pareja, a los amigos, al vecino, y es más infrecuente que el cambio se propicie a partir de uno mismo. Y claro, a menudo, identificar el problema en los demás sirve de poco, porque se trata de factores que nosotros, directamente, no podemos cambiar. Sin considerar que cada cual tiene el derecho de ser como es, incluso de no ser perfecto, incluso de equivocarse, incluso de no ser como nosotros quisiéremos que fuera. Así que, primero: el único cambio que nos compete es el nuestro. Y, segundo: los únicos cambios que realmente podemos llevar a cabo son los que atañen a nuestra propia persona. Al fin y al cabo, es nuestra red neuronal por defecto la que nos pone la cabeza como un bombo, y nuestras las emociones que pueden llegar a crearnos problemas. Y he aquí una de las grandes lecciones de la experiencia meditativa: puede que muchas veces no podamos cambiar lo que sucede, pero siempre podemos cambiar la forma en que nosotros nos relacionamos con lo que está ocurriendo. Cuando no podemos cambiar los hechos, siempre podemos cambiar nuestra forma de responder a ellos. Como se suele decir, puede que el dolor sea inevitable, pero el sufrimiento (es decir, la carga psicológica que yo le añado) es bastante opcional.

Entonces, no sirve de nada hacerse preguntas y encontrar respuestas si luego, acto seguido, no se opera un cambio en el sistema. Hay aspectos que se pueden cambiar, y entonces hay que cambiarlos. Hay otros que no se pueden cambiar, y entonces hay que modificar la forma en que nos relacionamos con ellos. Y hay cosas que hoy no se pueden cambiar, pero que obrando, poco a poco, se podrán cambiar el día de mañana. Y cuanto antes se empieza, antes se avanza. La acción es el paso decisivo para poder moverse dentro de aquellos gráficos que reflejan dónde estamos, ya sea actuar en el plano físico o en el mental.

La acción es también el último paso de la Terapia de Aceptación y Compromiso, desarrollada por Steven Hayes y muy bien explicada en su libro *Una mente liberada*. Se trata de una aproximación basada en seis pasos, que se influyen y fortalecen mutuamente: (1) defusión de los pensamientos (es decir, no identificarte con lo que piensas); (2) desanclarse del ego y de las historias acerca de quiénes somos; (3) aceptación de lo que está pasando en este momento; (4) capacidad de prestar atención al presente; (5) importancia de seguir tus propios valores y, finalmente, (6) acción, es decir, hacer «algo» para cumplir de verdad con todo lo anterior. Es como lo del gimnasio: no basta con apuntarse, luego ¡hay que ir! Este diseño en seis elementos lo llamaron «terapia», primero, porque los proponentes son psicólogos; segundo, porque es una aproximación excelente para los que hayan cruzado un umbral de aguante psicológico; y tercero, porque necesitaban algo que empezara con «T» para cerrar a gusto el llamativo acrónimo ACT (*Acceptance and Commitment Therapy*, en inglés). No obstante, estos principios no solo son necesarios cuando se traspasa un nivel clínico o intolerable de nuestra condición mental. Lo suyo sería incorporar estos criterios en nuestra estructura mental cotidiana, para mejorar nuestra calidad de vida, y por supuesto para no tener que llegar a una situación de insostenibilidad crítica. Prevenir siempre es mejor que curar.

Ahora bien, estos temas evocan el temido fantasma de la «voluntad», y chocan de frente con el eterno dilema sobre si existe o no el libre albedrío, frecuentemente esgrimido para espantar los atisbos de la responsabilidad individual. Pero recordemos que el objetivo de nuestro intelecto debería ser encontrar la forma de estar mejor en este planeta, y no ejercitarnos o entretenernos con los acertijos imposibles de la lógica filosófica. El hecho de que sobre el libre albedrío se haya dicho de todo y todo su contrario a lo largo de miles de años sugiere que, si es que hay una verdad, está bien escondida, y no seremos nosotros quienes la revelaremos. Así que mientras que los filósofos siguen debatiendo sobre el tema, podemos rellenar la espera con cambios que mejoren nuestra calidad de vida. No sabiendo en qué medida existe esta escurridiza voluntad, aquí lo que nos interesa es apostar por ella, por la intención, y en este caso creo que hay margen para reconocer nuestras responsabilidades. Puede que no seamos totalmente libres de decidir, porque nuestro entorno nos influye y nos limita, y nuestro sistema nervioso nos engaña. Pero el concepto de voluntad no se limita a una relación cierta entre acción y reacción, sino que implica más bien una relación «probable», y en esta probabilidad hay cabida para pequeños ajustes, además de para unas cuantas sorpresas. No olvidemos que la mayoría de nuestros hábitos requieren larguísimas series musculares de movimientos y decisiones, así que, poco a poco, podemos por lo menos ser responsables de cómo orientemos el barco, a pesar de que no podamos controlar el mar. Se requiere voluntad para emprender un camino de entrenamiento y desarrollo, y se requiere voluntad para empezar a cambiar los hábitos. Como recordaba David Hume, la voluntad precisa un sentimiento motivador, y en este caso esta motivación debería ser nuestro propio bienestar, que, al fin y al cabo, quiere decir estar bien. Por lo menos en aquella segunda vida que nos augura Confucio, que podría ser mucho más interesante que la primera.

Vida de horda

Ya hemos explicado el número de Dunbar, y su validez para todos los primates: el tamaño del grupo social de una especie es proporcional al tamaño su cerebro. También hemos visto que esta regla vale también para los humanos, con un valor de 150 individuos que efectivamente se encuentra como núcleo central de todas nuestras sociedades. Valor que hemos alcanzado potenciando el método tradicional de hacer amigos (es decir, el acicalamiento social basado en el contacto físico) con un método mucho más rápido y efectivo: el lenguaje. En realidad, este número supone una limitación: nuestro cerebro no nos da para manejar, en profundidad, más de 150 personas. Dunbar diseccionó aún más esta estructura, proponiendo un esquema más completo, y también respaldado por las evidencias antropológicas transversales a muchos tipos de sociedades distintas. Según este esquema, tenemos un grupo de 5 personas muy inclusivo (grupo de apoyo), que es parte de uno más grande de 15 (grupo de simpatía), que se incluye en uno más grande de 50 (grupo de afinidad, bandas), que forma parte de la red activa de 150 (el clan). A pesar de ser este el grupo que realmente manejamos de forma individual, hay uno más amplio de 500 que está formado por diferentes redes activas, y posiblemente uno de 1.500 que podría coincidir con el número máximo de caras que nuestro cerebro logra asociar a un contexto. Pero 150 individuos se considera nuestro grupo social de referencia, que podría ser el que más peso tiene para la selección natural. En esta red de 150 personas, las relaciones están bien perfiladas por las adaptaciones del comportamiento que la selección natural ha moldeado en los últimos 300.000 años.

Ahora bien, en los primates, la clave de la regulación del grupo son las emociones, y nuestras emociones están calibradas para lidiar con la gestión (y, por ende, con el éxito reproductivo) de estos 150 sujetos. A nivel cerebral, las emociones guardan una estrecha relación con una red que llamamos sistema límbico. A lo largo de mucho tiempo se pensaba que los humanos teníamos un sistema límbico primitivo, pero ahora sospechamos lo contrario, tras haber detectado muchos rasgos complejos en los elementos que lo componen. Somos los primates con el grupo social más grande y complejo, con lo cual es normal que nuestras emociones y nuestro sistema límbico sean muy complejos. Eso sí, una complejidad destinada a manejar un número más grande de unidades que en todos los otros primates, pero con las mismas reglas. De hecho, podemos decir que los humanos somos más humanos en nuestros rasgos individuales, y más primates en nuestros comportamientos sociales. Somos más simios cuando estamos en grupo. En el grupo, nuestros esquemas emocionales y sociales son tan rígidos que generan respuestas totalmente automáticas. Ocurre lo mismo con las moléculas: no hay ecuación que pueda predecir el movimiento de una sola molécula, pero cuantas más moléculas se suman, más predecible resulta su comportamiento. Finalmente, un gas (compuesto por muchísimas moléculas), se puede controlar fácilmente manejando solo tres valores: temperatura, presión y volumen. Podemos decir lo mismo para las personas: es imposible prever el comportamiento de un individuo, pero cuantos más individuos se juntan, más fácil es pronosticar su comportamiento a la luz de un puñado de instintos. Bien lo saben políticos, mercantes y religiones, que manipulan a la multitud con estímulos muy simplones y muy efectivos. Amontonar moléculas restringe sus grados de libertad, es decir, las posibilidades que tienen de moverse, que al final acaban promediándose. Lo mismo sucede con las multitudes humanas, cuyas emociones están diseñadas para crear un macroindividuo de 150 personas, donde los grados de libertad de cada una se ven limitados en favor de la reproducción colectiva.

Las normas sociales cumplen el papel de canalizar y ordenar el gas humano, limitando las impredecibles trayectorias de sus elementos. Estas normas funcionan tan bien que nos permiten disfrazarnos, y acabamos creyendo que somos todos iguales y que pensamos de una forma parecida, cuando sin embargo cada uno de nosotros somos un mundo distinto. Y funcionan tan bien que, en un cierto punto de la historia, a los humanos se les ocurre aumentar el tamaño grupal mucho más allá de las normas evolutivas. El éxito reproductivo de nuestra especie ha sido tan asombroso que tampoco había otra elección, porque el espacio es el que es, y entonces los grupos empiezan a relacionarse, y a unirse. Se generan ciudades de miles de personas, y luego de millones. Las reglas de la evolución, diseñadas a lo largo de cientos de miles de años, no tienen tiempo de cambiar. Nuestro cerebro no alcanza a manejar tanta gente, y la inhibición del sistema ejecutivo no funciona con desconocidos. Entre los 150 hay algo que, en general, impide agredir, robar, violar o matar, pero estas restricciones no funcionan en el batiburrillo de desconocidos que caracteriza a las grandes agrupaciones urbanas. Esto se intenta paliar con reglas que van más allá de los instintos, restricciones y reprimendas culturales. Pero, como hemos dicho, la voluntad necesita de una motivación, y entonces a alguien se le ocurre emplear como aliciente un recurso natural muy poderoso, que ya hemos introducido anteriormente: la espiritualidad.

La consciencia humana, la red por defecto, el lenguaje, han generado preguntas difíciles de responder, dudas e incertidumbres que a menudo dejan un vacío incómodo y doloroso. Nuestra mente está orientada a «hacer», a los objetivos, a una finalidad, y necesitamos sentirnos parte de un programa, de un proyecto. Sin un fin, sin una meta, queda un vacío insostenible. Este vacío se ve parcialmente aliviado en momentos en los que uno se siente parte de una red más extensa, de una armonía que va más allá de su propia existencia (o, mejor dicho, de su ego), y a esta sensación gozosa de integración la llamamos espiritualidad. La espiritualidad es probablemente el resultado de tres elementos. Primero, el saber que no lo sabemos todo. La sensación de que hay algo «gordo» que se nos escapa. Segundo, una inexplicable y profunda desazón que nos hace sentir vacíos, dudosos, inseguros, insatisfechos. Tercero, la percepción de que la realidad que vivimos esconde muchas relaciones, de que todo puede estar relacionado, de que hay vínculos ocultos entre los componentes y los procesos que observamos en nuestra existencia, de que somos parte de algo que va más allá de nosotros como individuos. La espiritualidad es, sin duda, un elemento clave para el desarrollo personal, porque constituye un sentir, una necesidad que nos avisa de que hay «algo» detrás de ese ego, de ese afán por «hacer» en lugar de «ser». Como a menudo recuerda Jon Kabat-Zinn, portavoz del *mindfulness* secular en nuestra sociedad, no somos *hacedores* humanos, sino *seres* humanos, y esa sensación de integración y de armonía da cuenta de ello. O, por lo menos, nos genera una duda, lo cual ya supone un paso hacia una búsqueda. Pero claro, la espiritualidad es algo sutil, impreciso, un eco lejano de la red holística-intuitiva secuestrada por nuestra mente conceptual y hacendosa, y su indeterminación puede generar puntos débiles, trasformando un sentir en una compulsión más. De hecho, es muy fácil que esta espiritualidad caiga presa de la red neuronal por defecto, y acabe coloreada por imágenes y palabras, generando historias de monstruos y de dioses, de leyendas y de quimeras. Pero, en los primeros tiempos, se trataba de dioses y quimeras que iban a su bola, tropezando descuidadamente con los sucesos de los humanos. Hasta que las comunidades se volvieron demasiado grandes, y ahí fue donde esos mitos empezaron a convertirse en herramientas de regulación social. Se crearon entonces narrativas donde las deidades tenían voluntad y moral, y exigían que los humanos atendieran a esas voluntades. Son dioses que, además, espían a los humanos, y los juzgan. Si se portan bien, les darán premios; y si se portan mal, castigos. Y estas reglas, ya no «naturales» sino divinas, dicen que no hay que agredir, no hay que robar, no hay que violar, no hay que matar, etc. Parecidas a las reglas de la evolución, pero esta vez no se limitan a los 150, sino que valen para todos los individuos de tu misma especie, o incluso para los individuos de las otras.

Es aquí donde probablemente la religión se reafirma como método de control y expansión del grupo, para bien y para mal. Con un conflicto (y una paradoja) muy profundo, que ya avanzamos anteriormente: la religión se presenta como principio canalizador de la espiritualidad, y de hecho se alimenta de ella, a pesar de que ambas tienen necesidades y prioridades muy distintas, a veces incluso incompatibles. La espiritualidad es cosa de los individuos, mientras que la religión es cosa de la muchedumbre. La espiritualidad no tiene normas, pero la religión, necesariamente, tiene que imponer muchas, a menudo tajantes, fundadas sobre principios que demasiado a menudo no contemplan (o incluso sacrifican) el bienestar del individuo, en nombre de dinámicas que son, por decirlo de forma suave, más complejas. Evidentemente, por sí misma, esta situación no está mal a nivel de gestión de la comunidad: los dioses proporcionan una excusa para extender a grupos mucho más grandes las reglas evolutivas, pensadas para grupos más pequeños. Hasta que alguien se entera de que este método funciona extremadamente bien, y que estos principios permiten manipular a grupos enormes, de forma fácil y rápida. A partir de ese momento, religión y política se funden, y las reglas ya empiezan a tener objetivos distintos, menos nobles y más terrenales. Ya se puede robar y ya se puede matar, si es que así lo quieren los dioses (o quien dice hablar por ellos). El sentido de afiliación es una recompensa psicológica poderosa y, para hacer grupo, es más fácil exaltar lo que nos diferencia de otros grupos (siempre hay algo que da juego, un pretexto cualquiera) que encontrar algo que realmente nos una. Desgraciadamente, el odio une más que el amor, a la hora de motivar y atizar a la marabunta. El resto de la historia, tristemente, ya lo conocemos.

Fue así como pasamos de nuestras pequeñas tribus a las que Konrad Lorenz, premio nobel de etología, llamaba «hordas anónimas». Una situación parecida a la de los peces, cuyos individuos nadan al lado de otros cientos de individuos, sin saber quiénes son, y sin que esto les importe. Pero no somos peces, somos primates, y estamos diseñados para que esto nos importe, y mucho. Hemos pasado de ser «hijo de» o «hermano de» a tener un nombre y un apellido, y luego un número de pasaporte o de identidad fiscal. Finalmente, en muchos casos ahora solo somos una combinación numérica que identifica el código del ordenador desde donde nos relacionamos con el resto del planeta. Y esto puede a llegar a chocar profundamente con decenas de millones de años de programación social, que siguen marcando las pautas de nuestra bioquímica física, psicológica y emocional.

Las ventajas de este cambio son indiscutibles, y no hace falta entrar en muchos detalles. Gracias a este aumento descomunal del tamaño grupal nos beneficiamos de todos los recursos administrativos, culturales y tecnológicos que caracterizan a nuestra sociedad. Pero los riesgos están a la vuelta de la esquina, a veces patentes, y a veces ocultos. En pocos cientos de años se ha producido un cambio exponencial, y los desajustes evolutivos nos caen encima como una lluvia de lava. Además de un cuerpo no adaptado al sedentarismo extremo de nuestras sillas y de un metabolismo incapaz de gestionar los excesos de los supermercados, nuestra condición social también sufre las incoherencias del desajuste entre biología y cultura. De hecho, la situación de nuestros ambientes urbanos es paradójica, como ya describió Erich Fromm en muchos de sus libros: en esta muchedumbre solitaria (como la llamaba David Riesman) tenemos al mismo tiempo miedo a las relaciones y miedo a la soledad. Queremos estar solos, pero sin quedarnos aislados. Ser distintos, pero estar integrados. Un encaje sin soluciones satisfactorias, sobre todo para un primate. Es una situación bastante difícil de gestionar: nuestra mente está sesgada por procesos individuales (ego), pero diseñada para cumplir con el grupo (emociones), y estamos obligados a vivir en multitudes (hordas). Tenemos todas las papeletas para un jaque mate desastroso. Y merece la pena ser conscientes (o por lo menos estar informados) de las ventajas y limitaciones de cada uno de estos niveles.

En el nivel individual, las ventajas son claras: este es el terreno de juego del desarrollo personal, porque es donde hay menos vínculos, y la molécula puede moverse libremente. Pero claro, esto se asocia a una enorme pérdida de funciones (todas aquellas que cumple el grupo) y, en el caso de un primate diseñado para la vida colectiva, a una natural y desoladora sensación de soledad. En el caso del grupo, los beneficios están claros: es nuestro estado natural, cumple con nuestros más profundos programas evolutivos, nos proporciona comida y protección, y garantiza afiliación y respaldo. Pero claro, en contrapartida se alcanza una situación donde las prioridades son las del grupo y no las del individuo, lo cual requiere un conjunto de reglas que establecen lo «normal» en función de promedios que no siempre son sensatos o beneficiosos para los individuos. Autores como Erich Fromm o Pío Baroja han subrayado los límites de la normalidad, sus patologías, sus vicios y sus absurdeces, recordando que una mente sana no puede desarrollarse en una sociedad enferma. Finalmente, en el caso de la horda anónima, la ventaja es el increíble desarrollo funcional y la extrema complejidad cultural y tecnológica que se obtiene de la suma e integración de sus miembros. Pero como todo se paga, aquí el precio puede llegar a ser muy caro. En primer lugar, la desestructuración del grupo social. Seguimos teniendo la capacidad de manejar un promedio de 150 personas, pero antes aquellas 150 personas se conocían todas entre sí, mientras que ahora apenas tienen relación. El grupo de 150 ya no es una red con una estructura ordenada, sino una red desperdigada, donde mis conocidos no se conocen mucho entre ellos. Según la teoría de redes, estos sistemas sin estructura no funcionan muy bien, porque no hay grupos que se especializan, no hay elementos que coordinan, no hay una jerarquía que incremente la eficiencia, y el flujo de información o de energía se disipa por ahí sin encontrar la forma de encauzarse en un orden fructífero. Son, además, redes frágiles, porque lo bueno se pierde a menudo como gota en un océano, y lo malo, sin embargo, se puede propagar sin fronteras. Además, en la horda anónima se diluyen la relación física y el sentido de afiliación, y esto provoca carencias tanto fisiológicas (hormonas y neurotransmisores) como psicológicas (ansiedad y depresión). Se buscan entonces formas de rellenar este vacío, formas que no suelen ser muy saludables, y que incluyen adicciones y obsesiones de todo tipo, con un rango de expresión que va desde el fútbol hasta el integrismo político y religioso. Seguimos necesitando nuestros chutes de dopamina, y la pulga del vecino se sustituye por un *like* de un desconocido, que funciona como parche pero no llena, y poco a poco nos arrastra en ciclos de obcecación donde por más que logremos medallas no conseguimos apaciguar la sed constante de reconocimiento social. Siendo todo esto instintivo y automático, es muy fácil que la insatisfacción crónica nos empuje hacia el borde del barranco, umbral que en muchos casos se supera, con todas las consecuencias que acarrea.

Uno, ninguno, cien mil

Reconociendo la existencia de tres niveles sociales que necesitamos pero que al mismo tiempo tienen cierto grado de incompatibilidad, lo mejor sería saber gestionarlos con una combinación atenta y dinámica. Esto implica surfear a la vez el nivel del individuo, del grupo y de la horda de una forma consciente, que permita restringir lo malo y maximizar lo bueno de las tres condiciones. Evidentemente, un equilibrio de este tipo requiere la aceptación de sus límites, y no encapricharse con querer lo que no se puede alcanzar. Es decir, habrá que renunciar a algunas ventajas, para no tener que sufrir demasiado sus perjuicios asociados. Pero, en el caso de querer integrar los tres niveles, hay que reconocer que el nivel individual es probablemente el más importante, el prioritario, el ladrillo de toda la casa. Como mínimo, porque es el único donde tenemos una influencia directa. Además, es muy difícil que podamos aportar a nuestro grupo o a nuestra sociedad si nosotros mismos nos encontramos en una condición de desequilibrio, de conflicto y de desubicación. Como se suele decir en los aviones, si de repente falta oxígeno y saltan las mascarillas, primero tiene que ponérsela uno mismo, y luego ayudar a los demás. Intentar ayudar desde una condición de fragilidad puede ser peligroso y, sobre todo, improductivo. El problema es que, precisamente por ser un animal evolutivamente social, no tenemos los recursos naturales para cuidar de esta individualidad, y para curar o sanear sus fragilidades, sus heridas. Tampoco tenemos los recursos culturales, porque nuestra educación formal, en este sentido, nos aporta muy poco, estando también ella diseñada por y para el grupo. A menudo, los reguladores automáticos para lidiar con esta carencia son las relaciones sociales (para buscar refugio en la identidad de grupo y entretener al cerebro) y la actividad física (para buscar refugio en la competición y cansar al cuerpo). Y funcionan muy bien, porque en ambos casos producen cambios fisiológicos suficientes para generar un bienestar momentáneo y efectivo. Pero esto impide reconocer que lo mejor sería saber estar bien con uno mismo sin necesidad de paliativos de emergencia.

Desde luego, solo hay una cosa que el ser humano teme más que la muerte, y es la soledad. Es útil entonces preguntarse qué se esconde detrás de esta palabra tan sombría, observarla, intentar entenderla, saber qué forma tiene, experimentarla, y descubrir si hay rincones de su mapa que puedan darnos algunas sorpresas. La soledad se suele asociar a un estado de ánimo muy negativo, con consecuencias fisiológicas y mentales nefastas. Sin el reconocimiento social del grupo, el ser humano pierde el sentido, y la misma sensación de existencia. Pero la soledad también tiene otra cara, una condición asociada a un estado de ánimo positivo, la sensación de bastarse, de no ser dependiente, de ser libre. De hecho, «estar solo» no es lo mismo que «sentirse solo», y sabemos que esta segunda sensación se puede dar a menudo estando con tu misma tribu, o en plena multitud. La soledad como estado de ánimo negativo (sentirse solo) genera la necesidad de una sustitución, una voluntad de escape, y de compensación. Se asocia a menudo a una necesidad compulsiva de reconocimiento y afiliación social, que suele degenerar en dependencia, estrés e insatisfacción. Está claro que no es una buena opción. Por el contrario, la soledad como estado de ánimo positivo abre la mente, propicia el desarrollo, y da sentido a tu propia vida. Suele generar relaciones sociales equilibradas e integradas, donde hay colaboración y placer sin que nadie sea excesivamente dependiente de nadie. Lo cual se transforma en libertad, serenidad y satisfacción. Está claro que es una opción muy interesante para promocionar una interacción sana entre los niveles individual, tribal y global de nuestros sistemas sociales.[6] Tal vez podamos decir, a la luz de nuestras definiciones anteriores, que la soledad entendida como algo negativo es propia del ego, mientras que la soledad como factor de crecimiento es propia del yo. El ego está destinado a estar siempre aislado, a pesar de todos sus esfuerzos para evitarlo o para disimularlo. Busca compulsivamente compañía, respaldo, grupo, pero lo hace desde su protagonismo, desde sus necesidades, desde sus juicios, desde sus carencias, y por ello nunca encontrará una verdadera conexión con los demás. Siempre se sentirá insatisfecho, incomprendido, y solo. Sin embargo, el yo, si lo definimos como unidad funcional de una red, estará siempre conectado al resto del sistema. De hecho, es lo que es solo gracias a ser parte de un sistema, un nodo de la maraña, y por ende no puede existir ni reconocerse sin el resto de esta infinita matriz que llamamos vida. Sobre todo, el yo, según la definición que estamos manejando, es consciente de ello. Es consciente de ser un nodo de la red, dependiente de la red, parte del todo. Puede no llegar a entenderlo, pero lo sabe, por lo menos lo siente, y esto le genera un sentido de plenitud y de integridad.

Pero para promover un desarrollo en este sentido, la habilidad de desenvolverse entre estos tres niveles sociales distintos, la capacidad de saber aceptar y soltar sus límites con espontaneidad, la posibilidad de estar bien consigo mismo, hay que entrenarse. Sobre todo si eres un primate, forjado para seguir compulsivamente las huellas del ego y del grupo. La selección natural no nos ha equipado, por defecto, con programas para llevar a cabo un crecimiento de este tipo. Y nuestra educación formal, por el momento, está intentando solo experimentos menores, casi a ciegas. Lo cual es encomiable y motivador, pero desde luego no suficiente. Necesitamos un entrenamiento específico para poder desarrollar al mismo tiempo la habilidad de conexión con el momento presente, con «lo que es», y un potencial de introspección y autoindagación que nos permita tener bajo mirada nuestras redes neuronales automáticas, nuestros impulsivos instintos, nuestros comportamientos reactivos y nuestras infructuosas rumiaciones. Hay que ser conscientes de las fragilidades e incoherencias de nuestro sistema psicológico (ego), de nuestros automatismos naturales (instintos), y de los hechizos de las expectativas sociales (grupo). Y, en la medida de lo posible, liberarse de estas ataduras, o por lo menos de aquellos nudos que acarrean consecuencias dañinas. Liberarse no necesariamente en el sentido de quitárselos de encima, sino de no ser esclavos ciegos e inermes de sus reglas. Ser conscientes de ellos, y tener la capacidad de decidir. Este entrenamiento probablemente no nos liberará integralmente de todos estos influjos, pero puede mejorar de forma sensible la situación. Desde luego, esperar que toda esta carga evolutiva y social se disuelva ella sola, por sí misma, por azar o intervención ajena (o incluso divina), puede que no funcione. El desarrollo personal es, como dice la palabra misma, personal: te toca implicarte en primera persona. Todo ello, es necesario volver a decirlo una vez más, tiene un objetivo muy pero que muy claro: mejorar nuestro bienestar, y la calidad de la única vida que tenemos.

5

Meditación y atención plena

Siempre aquí, siempre ahora

Para intentar resolver los conflictos mencionados hasta ahora, el ser humano ha desarrollado una cantidad enorme de remedios, desde los más caseros hasta los más tecnológicos, que incluyen rituales mágicos, sexo, alcohol, drogas psicoactivas, el psicoanálisis, los medicamentos o la filosofía. También se han desarrollado mecanismos de compensación, de relleno o de sustitución, como la misma religión y las muchas formas de entretenimiento con las que contamos desde el tiempo de los circos romanos. Algunos (muchos) han logrado hacer negocio con todos estos recursos, que permiten el enriquecimiento de unos y el alivio de otros. Muchos de estos remedios se fundan en dos estrategias. La primera es el clásico esconder el polvo debajo de la alfombra. Que no se vea. Que no se note. Que no huela. El malestar está ahí, pero tapado por un bonito tapiz. El malestar se disfraza, se tolera, se aguanta, y con distraerse mirando a otro lado ya vale. Muchas veces esta estrategia va acompañada de crecientes dosis de sufrimiento que requieren cada vez más aguante. Hasta que se traspasa un cierto umbral, la casa se desmorona, y uno entiende que aguantar durante tanto tiempo no ha hecho sino extender la aflicción, con la pérdida de tiempo que conlleva, a veces una vida entera. La segunda estrategia consiste en, ya que no se sabe cómo (o no se quiere) curar el mal, curar por lo menos los síntomas. Como en el caso anterior, el malestar se queda ahí, la fuente sigue brotando, pero el cubo se vacía en cuanto está a punto de rebosar. Este segundo caso parece mejor que el anterior, porque alivia el dolor, pero en realidad puede ser mucho más perjudicial, porque aliviar el dolor garantiza la permanencia de su fuente, y permite arrastrar indefinidamente el conflicto sin tener que arreglar nada. En el libro *La patología de la normalidad* (Paidós, 2024), el ya mencionado Erich Fromm señala que lo «patológico» para una sociedad es aquello que impide al individuo funcionar socialmente, con lo cual basta con eliminar los síntomas para recuperar un supuesto «bienestar», es decir, la posibilidad de integrarse y ser productivo, sobre todo en un contexto laboral. El malestar persiste, pero se hace tolerable o sostenible, porque los síntomas se eliminan cada día, a menudo a través de mecanismos compensatorios (sexo, religión, deporte, etc.) o pócimas milagrosas. No se resuelve el problema, pero se limitan sus consecuencias a nivel de funcionamiento del grupo.

Para resolver el problema de verdad, a la luz de lo que hemos considerado sobre la evolución de los primates, no queda otra que reprogramar nuestra mente. Esa mente diseñada por la selección natural, que prima el éxito reproductivo a costa del bienestar individual. Si es que se quiere romper el hechizo, hay que *hackear* el programa evolutivo, por lo menos en parte. Y, volviendo a la propuesta de Robert Wright que hemos visto anteriormente, la meditación es probablemente el método más directo y efectivo. O por lo menos un necesario punto de partida.

Las prácticas meditativas se han venido reinventando, con matices distintos pero con un cuerpo teórico y empírico altamente parecido, cientos de veces a lo largo de la evolución de nuestras sociedades. En cuanto hemos evolucionado nuestros superpoderes de doble filo, y en cuanto hemos empezado a unirnos en grupos cada vez más grandes, alguien ha empezado a buscar el fallo que genera tanto ruido en nuestra cabeza, y unos cuantos han dado con la misma solución. Entre esos cuantos, es cierto que la filosofía budista es la que más ha aportado en este campo, tal vez porque sus principios y preceptos están profundamente arraigados en este contexto, o tal vez porque, al tener un trasfondo religioso, ha contado con los recursos necesarios tanto para indagar como para transmitir su cultura.

La meditación se basa en una larga serie de prácticas y de ejercicios, y en general la mayoría se dedican a desarrollar, desde diferentes aspectos, nuestra habilidad atencional. La diversidad de estas prácticas es enorme, tanto que en general puede ser inapropiado hablar de *meditación* en singular. Es más o menos como hablar de *deporte*: entendemos a lo que nos referimos, pero sabiendo que todos los deportes son muy distintos y que, a pesar de compartir muchos elementos, entrenan y requieren habilidades muy distintas. La meditación es experiencial (se basa en la experiencia), experimental (se trata de hacer experimentos con nuestra mente, explorando sus mecanismos) y empírica (tiene que pasar necesariamente por la vivencia y por la evidencia personal). Esta base tan concreta sustenta un enorme cuerpo teórico y conceptual, que en el último medio siglo ha propiciado además una cantidad formidable de evidencias científicas en neurobiología y en ciencias cognitivas. A su vez, quizá podamos decir que los aspectos prácticos y empíricos de la meditación se asientan sobre una base aún más amplia, que engloba una perspectiva más integral de la vida, una perspectiva que abarca la relación entre individuo y ambiente. Esta perspectiva más extensa es, por ejemplo, la que generó hace más de dos milenios el yoga, es decir, una disciplina que integra cuerpo, respiración y meditación. El cuerpo, con sus movimientos, su conocimiento y su cuidado, como ancla al momento presente, como interfaz activa de los sentidos y, si consideramos la teoría de la extensión cognitiva, como elemento fundamental del flujo de información que sostiene el proceso mental. La respiración como base energética y metabólica del proceso biológico, y como puente dinámico entre el individuo y su ambiente. Y la meditación como entrenamiento, como práctica, y como forma distinta de interpretar y vivir el panorama cognitivo.

La filosofía occidental que más se ha acercado a este tipo de indagación, aparte evidentemente del estoicismo, ha sido la fenomenología de Edmund Husserl, y luego, aún con más énfasis en el cuerpo, su desarrollo en la perspectiva de Maurice Merleau-Ponty. Ambos reclaman la importancia de los sentidos, de la percepción y de la experiencia para alcanzar un conocimiento no verbal y no conceptual, que permita una visión de la realidad menos sesgada por toda la maquinaria analítica y cansina de nuestro cerebro, una maquinaria más dedicada al hacer que al ser. Y es este afán obsesivo por hacer y resolver lo que acaba desgastando nuestros recursos mentales. Hablamos de procesos que implican mucha biología, mucho metabolismo, hormonas y neurotransmisores, el cableado neuronal y el sistema inmunitario. No es de extrañar que hoy en día los principales defensores de la meditación como práctica de entrenamiento cognitivo en el ámbito laico sean biólogos, neurólogos y psiquiatras. En las últimas décadas, los estudios sobre los diferentes componentes de las prácticas meditativas han empleado las técnicas de imágenes cerebrales, de la genética molecular y de los biomarcadores metabólicos, y han abierto así las puertas a una nueva era de estudios en ciencias cognitivas que a veces se etiquetan con el nombre de «neurociencias contemplativas».

En muchos casos, estas prácticas se han promocionado por su relación con la espiritualidad y la relajación. El desarrollo de una capacidad atencional que pueda indagar en los procesos internos y externos desde luego sosiega y apacigua, y proporciona un ambiente mental más limpio y descontaminado para llevar a cabo una búsqueda espiritual más abierta y satisfactoria. Pero, evidentemente, aquí los beneficios de una vida más consciente se extienden a todos los ámbitos personales, profesionales y sociales. Se ha demostrado que las prácticas meditativas tienen efecto a corto (hormonas y neurotransmisores), medio (metabolismo) y largo (estructura cerebral) plazo. Algunos efectos son psicológicos, y se pueden detectar en los propios estados de ánimo, mientras que otros son más sutiles, cambios importantes en nuestras habilidades mentales que, insinuándose poco a poco en nuestro panorama cognitivo, son más difíciles de reconocer en uno mismo, y entran a formar parte de un nuevo modo de ver y percibir las cosas.

Para repasar someramente el panorama de estas prácticas, podemos mencionar aquí algunos de sus fundamentos básicos. Quizá lo primero sea recordar que las prácticas meditativas en general no necesitan infraestructura o inversiones logísticas, porque se basan en nuestro propio cuerpo, que siempre está con nosotros. Como priorizan la percepción corporal, hay distintas prácticas según la postura: sentada, tumbada, acostada o en movimiento. Algunas se centran en un solo foco de atención (atención focalizada o concentración), mientras que otras abren la experiencia a un espectro más amplio del horizonte perceptivo (atención abierta). El centro de atención principal suele ser la respiración, porque aúna cuerpo y movimiento, y porque es literalmente nuestra fuente de conexión energética con el entorno. Sin respiración no hay metabolismo, ni vida. En algunos casos (como en la meditación *mindfulness*), la respiración solo es objeto de observación y concentración, libre de patrones o esquemas. En otros (como en el yoga y en muchas prácticas zen), el ejercicio meditativo se asocia a técnicas de respiración, que incluyen pautas específicas (*pranayama*). En algunos casos el objetivo es conectarse con los sentidos, con todo lo que está pasando, abrirse y sentir, conectarse con lo que sucede. En otros, como ya hemos mencionado, el objetivo es el opuesto: omitir la percepción sensorial, para que no interfiera y permita una inmersión introspectiva exenta de estímulos distractores. En algunas tradiciones meditativas se persigue un estado de aislamiento de los estímulos tan profundo que recuerda los experimentos de deprivación sensorial, donde los individuos se confinan en un ambiente que no permite la recepción de ninguna señal sensorial (como los tanques de flotación, que no solo eliminan los sonidos y la luz, sino también la percepción gravitacional y somática). Estas condiciones pueden conducir a estados alterados de consciencia. La deprivación sensorial se puede asociar a una producción endógena de percepciones: el cerebro, privado de sus estímulos, empieza a inventárselos, chispeando a pesar de la ausencia de causas externas, y estimulando a veces alucinaciones o focos epilépticos. Me pregunto si este tipo de experiencias epileptógenas asociadas a un profundo aislamiento sensorial no podrían estar en la base de los momentos extáticos y espirituales a menudo descritos en la literatura sobre estados alterados, o en la narrativa religiosa y mística. Muchas de estas prácticas incluyen además patrones respiratorios que pueden conducir a hipoxia o hiperoxia, lo cual aumenta la probabilidad de generar condiciones psicotrópicas.

Muchas prácticas meditativas están directamente orientadas a desarrollar la atención, y los escáneres cerebrales muestran cómo, en este caso, hay continuas oscilaciones entre la red por defecto y la red atencional. Es decir, los píxeles que se encienden y que se apagan en el monitor del neurobiólogo revelan una batalla por los recursos cognitivos, que entrena al individuo en cuatro aspectos: (1) entrar en una condición de atención plena (la red atencional); (2) mantener este estado; (3) reconocer la desconexión (la obsesiva y reincidente red por defecto), y (4) volver al estado consciente (el regreso intencional a la red atencional). Con este tipo de entrenamiento, el sistema atencional vuelve a cobrar peso, siendo cada vez más hábil a la hora de limitar los efectos dañinos del vagabundeo recurrente y rumiativo. La explicación clásica sugiere que este efecto se debe a un desarrollo del sistema atencional (el «músculo» de la atención), aunque hay matices. Hay hipótesis alternativas, que proponen que este tipo de mejoras se asocian prevalentemente a las primeras etapas del desarrollo meditativo, cuando empezamos a practicar teniendo un músculo atencional casi atrofiado, que necesita adquirir un poco de fibra para poder funcionar correctamente. Luego, cuando este músculo funciona ya con sus plenas capacidades, el cambio sustancial consistirá más en la habilidad de rebajar la pulsión errática de la mente que en un aumento real de la potencia atencional. La diferencia entre las dos explicaciones es sutil a la hora de ver los efectos, pero la dinámica cerebral que está detrás del resultado podría ser bastante distinta, y es útil investigarla para apreciar el mecanismo cognitivo, y poder optimizar tal vez sus aplicaciones.

Otros tipos de prácticas están orientados a construir nuevas actitudes (se supone que positivas), o a deconstruir las viejas (las que son prejudiciales). En general, un pilar fundamental siempre es la observación, desapegada, sin juicio, de lo que está pasando, ya sean estímulos sensoriales, emociones o pensamientos. Es decir, observar las percepciones y los movimientos de la mente tal y como son, como si estuviéramos mirando desde un balcón; panoramas que pasan desde la ventanilla de un tren; o, como dice Matthieu Ricard, monje budista y biólogo molecular, como pájaros que vuelan y pasan sin dejar rastro.

Además, a menudo se suelen separar dos etapas del desarrollo meditativo. La primera, *samatha* (que en pali, el idioma índico asociado a los primeros textos budistas, significa 'calma' o 'tranquilidad mental'), está dedicada a desarrollar una habilidad atencional capaz de controlar los vaivenes de la mente y de apaciguarlos, eliminando las tensiones físicas y psíquicas, para permitir la emergencia de un estado de bienestar asociado a fuerza y calma. La segunda, *vipassana* ('ver las cosas tal y como son', o 'visión clara'), pretende proporcionar una perspectiva menos contaminada y más objetiva de la realidad, una vez eliminadas o limitadas las fuentes de ruido y los sesgos de nuestra mente. Es una práctica donde, habiendo alcanzado un estado de fuerza y calma, uno puede empezar a hacerse preguntas, permitiendo que la consciencia (o el yo) busque respuestas sin la confusión chillona, exuberante, paranoica y descontrolada del ego.

Como siempre, todas estas categorías de prácticas y conceptos no hay que tomárselas demasiado al pie de la letra. Son palabras cuya finalidad es orientarnos, y no deben desviarnos de la experiencia, que es la verdadera clave de la meditación. Como hemos dicho, considerando que se nos dan bien los conceptos, no está mal recurrir a ellos para darnos un empujoncito hacia la búsqueda de ciertas sensaciones, de ciertos estados. Pero se trata de nomenclaturas cuyas fronteras acaban siendo inevitablemente borrosas, y sus definiciones, parciales, lo cual exige cautela a la hora de anclarse demasiado a los términos. En todo caso, el fin es el mismo: el bienestar. Estar bien, o por lo menos estar mejor. Liberarse, al menos en parte, del acoso de la red neuronal por defecto, de los excesos del modo conceptual, de las rumiaciones dañinas, de las emociones descontroladas, de las respuestas reactivas, de la insatisfacción permanente e insaciable. Del *dukkha*, en definitiva.

Y aquí va la pregunta del millón: ¿En qué medida se puede uno liberar? ¿Cuánto hay que liberarse de todo este peso inútil? ¿Cuánto hay que descargar la mochila para que el camino sea más agradable? Pues por lo que sabemos, y evidentemente con toda la variabilidad que caracteriza a los humanos, hay una buenísima noticia: los efectos de las prácticas meditativas suelen ser bastante proporcionales a la cantidad y calidad del entrenamiento. Lo cual tampoco es una sorpresa: si uno quiere ser un buen músico, tendrá que dedicar tiempo a estudiar y practicar música y, dentro de sus posibilidades, los logros serán proporcionales al tiempo y al empeño invertidos. Lo mismo pasa con el deporte: hay quien quiere ganar una medalla olímpica, y a quien le basta con bajar un poco la tripa, ambos objetivos totalmente lícitos pero que requieren una dedicación distinta. Pues, aparentemente, para la meditación es parecido: cuanta más práctica, más cambio. Es una buenísima noticia por dos razones. La primera es que esto revela que la inversión depende en gran parte de nosotros mismos. Cuanto siembro recojo. La segunda es que, si el proceso es proporcional, puedo tantear o decidir cuánto compromiso necesito para alcanzar la calidad de vida que considero digna. Es decir, entre dejarse arrastrar emocional y automáticamente por las tormentas de la existencia y encerrarse durante décadas en una cueva para alcanzar la iluminación total y definitiva, están todos los grados intermedios, y cada cual podrá valorar la medida en que su práctica meditativa puede mejorar su situación personal.[1]

Ahora bien, los ejercicios de meditación se suelen llamar a menudo «práctica formal», porque son momentos planeados y organizados para entrenarse, para experimentar, para explorar. Es como ir al gimnasio, un momento dedicado a forjar y estructurar tu forma de ser. Pero el hecho de que para estas prácticas solo se necesite el cuerpo permite extender estas experiencias más allá del cojín de meditación.[2] De hecho, nuestro día a día está repleto de momentos de transición o de esperas que pueden ser una excelente excusa para realizar una práctica breve, de pocos minutos o de pocos segundos. Estos momentos de miniprácticas son fundamentales por diferentes razones. Primero, porque son muchos, y constituyen una gran fuente de oportunidades, en términos de tiempo. Segundo, porque inducen un estado meditativo en nuestro día a día que, no lo olvidemos, es el verdadero reto. Y, tercero, porque son breves momentos que restituyen fuerza, flexibilidad y estabilidad a lo largo del día, o en situaciones que demandan una recuperación de nuestras energías mentales. Finalmente, más allá de la práctica formal y de las miniprácticas, podemos ir introduciendo poco a poco un estado meditativo también en los quehaceres de nuestro día a día, incorporando gradualmente ciertos estados mentales en nuestras actividades comunes, como andar, conducir, comer, hablar o escuchar. Evidentemente, esta condición es la más beneficiosa porque se acerca a la condición de Obélix, que, al haberse caído de pequeño en la marmita del druida, ya no necesita tomar la poción mágica, porque la lleva dentro.

Desde finales de los años setenta, las evidencias científicas sobre los efectos positivos de la meditación han llevado a incluir prácticas meditativas en los hospitales, con un éxito bastante rotundo. Las aplicaciones terapéuticas se emplean sobre todo en los casos en los que la mente está claramente involucrada, como en psicología o psiquiatría, o en las situaciones donde los efectos a nivel psicosomático son muy evidentes (como muchas enfermedades cutáneas o gastrointestinales). Pero resulta que funciona muy bien también en aspectos más profundos, como el control del dolor, en especial el dolor crónico, por lo que estas prácticas empezaron a trasladarse entonces a situaciones más complicadas desde el punto de vista biológico, como en oncología o en traumatología. A consecuencia de este éxito tan claro (y quizá inesperado), ha surgido una tendencia a asociar la meditación a situaciones clínicas, lo cual, a pesar de ser algo excepcionalmente positivo para la medicina moderna, probablemente ha desviado la atención de la meditación como herramienta común de desarrollo personal. En muchos contextos, la práctica meditativa se recomienda a quienes tienen una necesidad imperiosa de calma o de reducción del estrés, al haber superado aquellos límites de tolerancia que hemos mencionado antes. Evidentemente esto es un error, que pone en riesgo el lugar de la meditación en una sociedad sana. Decir que la práctica meditativa es solamente un apoyo terapéutico (no olvidemos que, si hay una condición clínica, la meditación es raramente suficiente por sí misma, y se tiene que acompañar de un abanico mucho más amplio de tratamientos) es como decir que hay que lavarse solo cuando se tiene una herida, que hay que cepillarse los dientes solo si aparecen caries, o que tienen que hacer ejercicio físico solo las personas con sobrepeso. Desde luego, ducharse debería ser una práctica cotidiana de higiene personal aunque uno no tenga infecciones cutáneas, lavarse los dientes previene las caries, y el deporte es una actividad saludable para cualquiera. Nada nuevo: ciertos hábitos aseguran por un lado un agradable presente, al tiempo que preparan un agradable futuro. Considerando que muchos de ellos dependen solo de nosotros, cuesta entender por qué alguien decide intencionadamente mermar su propio bienestar.

Aunque la meditación es una práctica experiencial y experimental, hemos dicho que tal vez podamos intentar emplear nuestro poderoso sistema conceptual para amplificar los efectos de la experiencia. Es decir, teniendo un sistema lógico con buenos recursos, a lo mejor, en lugar de rechazarlo por sus perjudiciales excesos, podríamos intentar domesticarlo un poco para que colaborase en la tarea de equilibrar un poco sus disparates. Somos tan lógicos que a menudo necesitamos «comprender» para asimilar, y entonces podemos tantear la posibilidad de usar este sistema conceptual como aliado, en lugar de como enemigo. Evidentemente puede haber trampas, y (como siempre) hay que prestar mucha atención, porque si pido a mi sistema conceptual que me ayude, tengo que vigilar que no se pase, que no tome el control, que no deje entrar al ego más de lo necesario, que no me mienta, y que no me desvíe demasiado de la práctica. Pero la meditación tiene un trasfondo conceptual más que robusto y, para los que somos muy cerebrales, racionales y lógicos, creo que es mejor conocerlo.

Más allá del cuerpo

La práctica de la meditación va siempre acompañada de una serie de conceptos que se integran con sus aspectos experienciales, y que se llevan desarrollando desde hace por lo menos un par de miles de años, en una tradición que se remonta a los Vedas, a las enseñanzas del Buda o a los *Yogasutras* de Patañjali. A nivel temporal tenemos, pues, dos mil y pico años de transmisión, frecuentemente oral, o plasmada en crípticos aforismos en idiomas arcaicos. A nivel geográfico, nos encontramos con culturas distintas que llegan a conclusiones parecidas. En el caso de la filosofía budista, tuvo su origen en India, luego se propagó por China, Indonesia y Japón, para finalmente saltar al resto del mundo. En fin, es fácil imaginar que tanto las prácticas como los conceptos han debido de sufrir no solamente una evolución constante, sino además una continua fragmentación en ramas, escuelas, doctrinas, variaciones y diversificaciones que a veces presentan alternativas parecidas o paralelas, o por lo menos compatibles, pero otras veces, sin embargo, llegan a propuestas antagonistas. Desde luego, todas estas trasformaciones son lícitas y pueden aportar algo, siempre y cuando no se presenten como verdades absolutas o como únicas alternativas auténticas. Las prácticas y los conceptos asociados a la meditación son recursos que sirven al individuo para desarrollarse y estar bien. Por un lado, somos todos distintos, con lo cual es de esperar que cada persona necesite sus propios ingredientes y recetas personalizadas. Al mismo tiempo, el único valor de una disciplina es su eficacia: si te hace ser mejor persona y sentirte más completo y feliz, quiere decir que funciona.

La relación entre las prácticas y los conceptos asociados a la meditación es evidentemente una relación bidireccional. Por un lado, estos conceptos se moldean espontáneamente a raíz de la práctica; una práctica que consiste en afinar la atención y la sensibilidad, lo que conduce a un estado donde prima el ser y su condición de equilibrio, fuerza y flexibilidad mental, y que, en consecuencia, permite ver las cosas bajo una luz distinta. Es una forma a menudo no conceptual y no verbal de entender las cosas, que nos lleva a extraer conclusiones sin necesidad de explicaciones. Una experiencia muy rara para el sesudo *Homo sapiens*, acostumbrado a pasar todo por el filtro de una disquisición y de un resultado concreto. Pero luego viene la retroalimentación: estos conceptos, bien racionales, lógicos y sensatos, les vienen de perlas a nuestras mentes metódicas, que los pueden usar como claves para acercarse de forma más consciente a aquel proceso de restructuración psicológica. Ahora bien, en el momento en que se entra en el reino del lenguaje y de las imágenes, como ya hemos advertido, hay que tener cuidado, porque el ego es un maestro en manejar estos recursos, y puede que logre dar la vuelta a la tortilla para ganar terreno, al sentirse atacado y en peligro.

Un primer ejemplo lo encontramos en un pilar tanto de la filosofía budista como de la estoica: el concepto de «aceptación». Parece algo obvio, pero no lo es, porque, a pesar de ser totalmente lógico, va totalmente en contra de las obsesiones tan queridas por la selección natural. El concepto es sencillo: es inútil sufrir por lo que ya es. Recordemos aquí que la palabra *sufrir* se refiere a la carga psicológica y emocional que añadimos a los dolores físicos o psíquicos de la vida. Separemos entonces el *dolor* (una respuesta fisiológica asociada a un evento que agrede nuestra integridad) del *sufrimiento* (una respuesta psicológica asociada a nuestra forma de reaccionar a este evento). Como siempre, puede que estas dos definiciones lleguen a tener una frontera enredada, pero en la mayoría de los casos sabemos a qué nos referimos, y procuramos usar los dos términos como herramientas lingüísticas para describir dos procesos distintos. Con esta premisa, lo que «es» ahora mismo no se puede cambiar, así que añadir una carga emocional a un problema real (físico o psíquico) solo puede empeorar las cosas. Es decir, lo mejor que podemos hacer, si algo va mal, es aceptar el dolor (físico o psíquico), pero no añadirle sufrimiento. Lo que es, sencillamente, ya es. Y aquí podemos quizá mencionar más en detalle por lo menos tres situaciones distintas. La primera: entender que hay cosas que no podemos cambiar. En este caso, si no se puede cambiar, lo mejor es aceptarlo. Si quiero hacer un pícnic y diluvia, mejor aceptarlo que enojarse contra el tiempo, que no es controlable y que no cambia en función de mis deseos. Puedo llevar a cabo un plan diferente para este día, o hacer el pícnic de todas formas, disfrutando de la lluvia que moja los bocadillos y el mantel. En la vida hay una cantidad infinita de cosas que no podemos controlar. Si acabamos dependiendo emocionalmente de ellas, vamos a vivir toda nuestra existencia cuesta arriba. La segunda: identificar lo que sí podemos cambiar. En este caso, poco hay que decir: actuar para cambiar lo que podemos cambiar. También aquí parece obvio, pero no lo es, porque quejarse suele ser más fácil que actuar, aunque cunda mucho menos. La tercera: reconocer lo que no podemos cambiar ahora mismo, pero que podemos cambiar en el futuro. Es una mezcla de las dos precedentes: hay que actuar para que el cambio arranque, pero mientras tanto no vale la pena romperse la cabeza. Y aquí también necesitamos recordar, una vez más, que esta aproximación no es un todo o nada. Es decir, el objetivo no es necesariamente llegar a una condición mental donde nada nos afecte, sino sencillamente mejorar lo que podamos nuestra situación mental actual, que en *Homo sapiens* suele ser bastante perjudicial. Estamos tan vinculados emocionalmente a todo que acabamos sufriendo por todo. Una vida de insatisfacción continua. Así pues, se trata solo de instaurar, en la medida que podamos, un entrenamiento cotidiano para ser menos dependientes de lo que no podemos controlar. La evolución nos ha plasmado para vivir emocionalmente anclados a todo cuanto nos rodea, a todo lo que pasa, reaccionando compulsivamente en función de si algo nos agrada o no. Así que se trata de reducir este condicionamiento, en la medida de lo posible, para sufrir menos y responder de forma más sana a los acontecimientos. Una parte fundamental de este entrenamiento es saber percatarse del momento presente, vivir la experiencia del momento presente, volver a dar importancia al momento presente, aprender a sentir el momento presente, sea cual sea, sea como sea, redimensionando pasado y futuro, reforzando la red atencional y rebajando la red por defecto asociada a rumiaciones y obsesiones.

En este punto es también muy útil mencionar dos conceptos clave que explica en muchos de sus libros Christophe André, dos términos griegos: *télos* y *skopós*. Ambos se refieren a un objetivo, pero en el primer caso se trata de tu objetivo personal, el que atañe a tus posibilidades y a tu propia voluntad, mientras que el segundo consiste en el resultado final, el producto. En el arte zen del tiro con arco, el *télos* sería ser buen arquero; el *skopós*, dar en la diana. Ser buen arquero depende solo de uno mismo, y es tu responsabilidad (el entrenamiento, la postura, la concentración, la técnica, la entrega, la motivación), mientras que dar en la diana incluye agentes externos que no dependen del arquero (el viento, movimientos impredecibles del entorno, o el azar). Entonces, el buen arquero tiene que dedicarse a su entrenamiento para ser buen arquero, pero sin que dar en la diana sea su objetivo último, y mucho menos su obsesión. Observemos lo diferente que es este planteamiento del que subyace en nuestro mundo occidental y capitalista, donde el mensaje y las exigencias sociales y profesionales son exactamente lo opuesto: me da igual cómo lo hagas, pero tienes que atinar. Esta perspectiva fomenta trágicamente el resultado a costa del individuo, el hacer a costa del ser, lo cual ya sabemos que acaba sustentando un estado crónico de estrés y de sufrimiento, donde el ego vive dominado por expectativas ajenas y frustrado por factores que escapan a su control.

Y es aquí donde se puede malinterpretar la palabra *aceptación*, cuya sola mención genera en algunas personas una reacción emocional y defensiva hacia las propuestas de la filosofía oriental. En muchos contextos se critica esta visión porque se asocia el concepto de aceptación al de «resignación», al de rendirse ante lo malo de la vida, a dejarse llevar por todo lo chungo de nuestra sociedad, a aguantar o aguantarse. Ha habido casos de empresas que, tras dar cursos de meditación a su plantilla, han sido acusadas de manipular a sus empleados para que acepten condiciones laborales injustas, o de enseñarles a relajarse para poderlos machacar aún más. Evidentemente, se puede intentar esta jugada, pero no tiene nada que ver con el budismo, con el *mindfulness* o con la meditación, donde aceptación no es resignación. Más bien al contrario, considerando que un estado de atención, sensibilidad y consciencia impulsa al individuo a explorar y descubrir lo que le perjudica física o mentalmente, y a emprender acciones para no consentirlo. De hecho, en muchos casos, el curso de *mindfulness* para empleados ha funcionado tan bien en este sentido que... unos cuantos han acabado dimitiendo, y han renunciado a su puesto de trabajo al percibir finalmente que estaba totalmente orientado hacia expectativas y necesidades que no eran las propias. Una crítica parecida se suele hacer en referencia a una supuesta aceptación de todos los males y las injusticias del mundo, obviando el hecho patente de que casi la mayoría de los monjes budistas y meditadores están profundamente implicados en actividades humanitarias. Rebajar los niveles de sufrimiento es obviamente un objetivo global, y no se puede pensar que la cuestión se limite a las borrosas fronteras del individuo. Aceptar lo que está pasando ahora mismo no quiere decir bajo ningún concepto no actuar para que la situación, en un momento siguiente, cambie.

El concepto de aceptación va de la mano de los conceptos de *apego* y *aversión*. El apego es el estado en que nos adherimos compulsivamente a algo que nos agrada; la aversión es la fobia a todo lo que nos desagrada. En realidad son dos caras de la misma moneda, porque en ambos casos se trata de apego: el deseo de que algo pase, o el deseo de que algo no pase. El deseo de que las cosas sean diferentes. No hace falta ser un fino psicólogo para entender que la mayoría de nuestros problemas emocionales están relacionados con el apego. Queremos que las cosas sean diferentes de como son. Lo cual es totalmente lícito, siempre y cuando sea un deseo sincero y sano, y no se vuelva una obsesión emocional. Buscamos compulsivamente lo que nos agrada, y huimos compulsivamente de lo que nos desagrada. Y esto se aplica tanto a una experiencia profundamente traumática como a una barrita de chocolate. Cambia el grado, pero el proceso es parecido. Evidentemente, la vida se puede hacer muy complicada cuando nos volvemos esclavos de nuestros apegos y aversiones. Y aquí viene la aportación de la meditación. Por un lado, reducir el impacto de nuestro ego nos lleva en general a descubrir que muchas cosas que anhelamos (y de las que dependemos) no son para tanto. Que muchos de aquellos anhelos eran el resultado de instintos evolutivos, de heridas psicológicas, o de expectativas sociales. Así que de repente el listado de cosas de las que somos dependientes se reduce, y mucho. Pero, además, descubrimos también que apego y aversión se pueden controlar en aspectos que son más profundos. De hecho, es parte del proceso de aceptación: puedo vivir una sensación hermosa sin necesitar apegarme a ella, esto es, sin experimentar un agobio compulsivo: el agobio de no querer que se acabe o de querer que se vuelva a repetir. También puedo llegar a hacer lo mismo con la aversión: puedo reconocer sin ningún problema que cierta situación me desagrada, pero sin entrar en un círculo de sufrimiento asociado a la angustiosa espera de que se acabe, o de que no se vuelva a repetir. Y, a riesgo de resultar cansino, lo diré una vez más: no se trata de llegar a una condición de total intocabilidad emocional, sino solamente de ejercitarse para que apegos y aversiones no desgasten demasiado la calidad de vida. Por defecto, mi biología no lo va a hacer, no va a aligerar la carga, porque la selección me ha diseñado precisamente para entregarme compulsivamente a mis apegos y aversiones. Así que tendré que hacerlo yo mismo, con un oportuno entrenamiento.

En este sentido, la crítica superficial que se ha hecho a la meditación es que, con estas premisas, forja seres insensibles y lobotomizados, pero, como hemos dicho, es un comentario que solo puede venir de quien no ha profundizado lo suficiente en el tema, o de quien pretende manipular el mensaje. Desapegarse quiere decir no depender en exceso de deseos y miedos, y no quiere decir ser impermeable al placer o al dolor. Si algo me da placer, disfrutaré de ese placer todas las veces que pueda. Eso sí, sin obsesionarme por obtenerlo. También en este caso es sencillamente una cuestión de redimensionar las historias que nos contamos acerca de nosotros mismos: la meditación genera un espacio sin ego y debilita los esquemas narrativos del personaje, sus codicias y sus rechazos, limitando su importancia a la ahora de vivir la vida y aligerando el peso de sus cadenas emocionales.

Finalmente, llegados a este punto merece la pena introducir los conceptos de impermanencia e interconexión. La *impermanencia* se refiere llanamente a reconocer que todo está en un continuo flujo de cambio. Otra cosa que parece de perogrullo, y otra cosa que no lo es. El apego es apego, y los seres humanos nos apegamos a todo lo que conforma nuestra realidad, sobre todo nuestra realidad segura. Una casa, un coche, una muñeca. Un amigo, una pareja, una vida. Sabemos perfectamente que en este universo nada se queda igual, que materia y energía están metidas en un batido continuo de transformaciones, pero preferimos fingir no saberlo. No queremos soltar lo que tenemos, no queremos envejecer, y sobre todo no queremos morir. Preferimos mentirnos descaradamente, y pensar que todo esto no nos va a pasar a nosotros. Miramos para otro lado, esperando que nos sirva, por lo menos, para olvidar cómo están las cosas. Pero eso no detiene el tiempo, y menos la energía. Una opción es no aceptar este flujo imparable. Lo que suele suceder es que la ola, de todas formas, llega, y nos arrastra inevitablemente. Fatalmente. La alternativa es aceptar que este flujo existe, y esperar la ola con una buena tabla de surf, para cabalgarla y disfrutar del movimiento, de la energía, de su hermosa potencia. Aquí podemos ver cómo se van integrando conceptos: aceptar el cambio, y no apegarse a lo que es, ineludiblemente, impermanente.

El concepto de *interconexión* va bastante de la mano de la impermanencia, porque se refiere también al universo: materia y energía en perenne trasformación. Las moléculas que forman tu cuerpo dentro de pocos meses no serán las mismas. La química que nos sujeta depende de aire, comida y temperatura que tienen historias externas a nuestro cuerpo. ¿De verdad pensamos que el individuo es un elemento aislado e independiente? ¿De verdad pensamos que la piel es una frontera discreta de quiénes somos? Aunque la selección natural nos ha moldeado para pensar que sí, que somos únicos y especiales, que somos más importantes que los demás, que somos seres originales separados de nuestro entorno, la ecología sugiere que no es así, la teoría de la mente extendida sugiere que no es así, y la mayoría de las sociedades de cazadores recolectores que han vivido integrados con la naturaleza piensan que no es así. Está bien tener un papel en este espejismo, está bien pensar «como si» yo fuera mi personaje, como si mi ego fuese un protagonista real, no nos queda otra para jugar este partido, pero es recomendable no llegar a creérselo ciegamente; usar el ego como una interfaz, pero sin olvidar que es una interfaz ficticia, y sobre todo moldeable, si es que necesita cambios o arreglos. Y es particularmente oportuno mencionar la ecología cuando hablamos de impermanencia e interconexión, porque se trata de una disciplina profundamente arraigada en ambos conceptos. Cualquier sistema ecológico es una red: una red que se sustenta en un flujo de energía. Los elementos dependen uno del otro, creando equilibrios inestables que fluctúan y que evolucionan, a veces gradualmente, y a veces con secuencias más repentinas. Así pues, no es de extrañar que la perspectiva meditativa se haya visto siempre acompañada por una consciencia global. Y, por la misma razón, creo que nos vendría bien reconocer la existencia de un yo como unidad cognitiva consciente, pero que es, a su vez, nodo de una red energética que respira, que late, y que se transforma. Una transformación que no es opcional, sino que es la regla, y de nosotros depende elegir entre ser una parte activa de este cambio, o sus insignificantes detractores.

Una atención consciente y cotidiana

Si nos ceñimos a las definiciones que venimos manejando hasta ahora, es decir, el yo como unidad consciente del proceso cognitivo (un elemento integrado en una red), y el ego como protagonista ficticio de una historia (un elemento separado de su entorno), es fácil entender que el objetivo para alcanzar un cierto nivel de bienestar depende de en qué medida afecta el carácter del segundo al equilibrio del primero. Un ego reactivo, emocional, automático y caprichoso acabará ahogando al yo, a su capacidad de sentir, a su capacidad de ver, a su capacidad de vivir. Si no nos queda otra que tener un ego, tendremos que actuar para que sea un ego por lo menos agradable, con quien sea fácil convivir, que en la medida de lo posible sea capaz de dialogar con nuestro yo, incluso de ser su amigo y de encargarse, en el mejor de los casos, de ser su portavoz, y no su dictador. Un ego que además entienda el cambio como parte de su naturaleza, a pesar de tener sus deseos y sus aversiones. Un ego que, reconociendo sus apegos, sepa reconocer cuándo tiene que dejarlos ir, aceptando lo que es. Si el yo y el ego pueden trabajar juntos, se podrán permitir el lujo de aprovechar sus mejores habilidades, como en una verdadera simbiosis, limitando así los conflictos con la vida. Es probable que el bienestar mental sea proporcional a la medida en que se logre llevar a cabo esta convivencia entre nuestra unidad funcional cognitiva (yo) y el protagonista de nuestra vida (ego). Pero claro, nadie puede explicarnos exactamente cómo se hace esto, y menos aún hacerlo por nosotros mismos o inducirlo con una pastilla.

Entrenar la atención, la sensibilidad y la percepción, la consciencia, la habilidad de ralentizar y de pararse, la capacidad observar y de observarse, más allá de lo que ocurra por azar o de lo que caiga de rebote a lo largo de una educación que no está diseñada para este propósito, requiere un acto de voluntad individual. La evolución nos ha proporcionado las herramientas para poder hacerlo, por lo menos en cierta medida, pero la selección natural nos ha convencido de tirar la toalla, de sentarnos cómodamente, embobados detrás de respuestas reactivas y automáticas, inestables y emocionales. Tampoco la cultura occidental y capitalista ayuda mucho en este sentido, al estar ampliamente implantada en la distracción, en la necesidad compulsiva de una recompensa, en la velocidad, en la superficialidad, en la manipulación de los instintos y de las obsesiones, en las emociones turbulentas, y en el constante desgaste del sistema atencional. No: si uno decide cambiar de rumbo, lo tiene que hacer por sí mismo, utilizando sus recursos evolutivos (son los únicos que tenemos), pero sabiendo que su biología y su cultura no le van a facilitar la tarea, más bien al contrario. Es fundamental implicarse en una respuesta social e institucional, sobre todo por lo que atañe a todas las formas de saqueo atencional que empresas multinacionales y medios de comunicación llevan a cabo descaradamente, aprovechando todo el repertorio de las fragilidades humanas. Es fundamental implicarse también en una respuesta colectiva, porque el *dukkha* no es cosa de uno, sino del sistema, y no se puede pretender arreglar pocos elementos sin arreglar el conjunto. Pero estas respuestas globales necesitan su tiempo, a veces décadas, tiempo que los individuos, sencillamente, no tienen. Sin considerar que, como hemos mencionado, es muy difícil lograr ayudar a los demás sin haber desarrollado antes la suficiente fuerza y equilibrio personales. Así que no queda otra que implicarse con una serie de medidas que mejoren nuestra condición biológica y mental, a veces de forma radical y a veces de forma más gradual. A largo plazo, el cambio será progresivo, así que cuanto antes se empiece, antes se podrá alcanzar una posición de *bien-estar* o, por lo menos, de *mejor-estar*.

Muchas veces, este implicarse, este actuar, supone cambiar de hábitos: eliminar los que son perjudiciales y añadir aquellos que son beneficiosos a nivel de fuerza, equilibrio y flexibilidad. Y precisamente estas son las tres cualidades que trabaja el yoga, tanto a nivel físico como mental. Por un lado, mejoran la *resistencia* al estrés (físico o mental), es decir, la capacidad de tolerar situaciones difíciles; pero al mismo tiempo mejoran también la *resiliencia*, es decir la capacidad de recuperarse después de un trauma (físico o mental). Los hábitos útiles además desarrollan aquellas habilidades necesarias para saber observar, saber sentir, como la atención o la concentración, y crean un ambiente metabólico (hormonas, neurotransmisores, sistema inmunitario) favorable para mantener buenos niveles energéticos (fuerza y calma). Algunos de estos hábitos atañen a factores cotidianos, como la dieta, el sueño, el ejercicio físico, la exposición a un ambiente no contaminado, o las relaciones sociales. Un entorno sano facilitará el desarrollo de una mente sana y bien nutrida, mientras que un entorno nocivo (comida basura, mala calidad del sueño, contaminación ambiental, relaciones sociales tóxicas, o una cultura superficial y agresiva) atosigará el sistema cognitivo. Si esto parece tan sensato y racional, ¿por qué hay tanta gente que sigue teniendo una dieta basada en porquerías? ¿Por qué hay tantas personas atadas a relaciones personales envenenadas? ¿Por qué sigue teniendo éxito un modelo cultural grosero y violento? Respuesta: porque la vida no es ni sensata ni racional, y la evolución no nos ha forjado para ser sensatos ni racionales. Las excusas que el ego se inventa para perpetuar su hegemonía y quedarse como personaje central de la película son muy burdas, e incluyen la esperanza de que las cosas cambien solas, el automatismo de culpar y responsabilizar a los demás, el deseo de que una divinidad o una justicia cósmica arregle la situación, el victimismo o la resignación al sufrimiento en nombre de tal o cual valor más o menos noble. Sin considerar lo que algunos epidemiólogos llamaron «estadio hibrístico»[3] es decir, una condición (en marcado aumento en la cultura moderna) según la cual el sujeto actúa de forma irresponsable pensando que las obvias consecuencias de tal comportamiento les tocan solo a los otros, pero seguramente no a él, porque es más espabilado o más afortunado que los demás. Por la razón que sea, consideramos normal saber que el entorno que habitamos no es sano, pero no hacer nada para cambiarlo. El derecho a quejarse se fundamenta en la premisa de que cualquier cambio tiene que partir de los demás, no de nosotros. Y así seguimos comiendo mal, durmiendo mal, respirando mal, y dejándonos arrastrar por personas conflictivas.

Desde luego, cambiar de hábitos no es nada fácil. Primero, por el famoso apego que desarrollamos hacia lo conocido, hacia lo repetido. Basta con pararse a pensar cuánto *dukkha* se esconde detrás del refrán «Más vale lo malo conocido que lo bueno por conocer». Terrible. Mejor seguir sufriendo que intentar adecentar tu situación. Segundo, porque cambiar de hábitos quiere decir cuestionarse a sí mismo, y a muchos no les gusta nada mirarse al espejo. Tercero, porque, precisamente por ser hábitos, ya son automáticos, ya están ocultos en el tejido de lo cotidiano, subrepticios y silenciosos, y muchas veces ni nos planteamos que son elecciones susceptibles de alternativas.

Entonces, ¿cómo cambiar un hábito? Pues la etapa preliminar consiste, como hemos dicho, en entrenar una capacidad de atención y de observación suficiente para poderlo detectar, y para entender de verdad, sin la narrativa despótica del ego, sus consecuencias. Luego, las estrategias pueden ser diferentes, sabiendo que cada caso tendrá sus propias idiosincrasias. Las personas más racionales tienen, como primera opción, la posibilidad de analizar la situación, y hay quien solo necesita información y datos para concluir que algo no es bueno para su propia calidad de vida, y así descartarlo (con gusto) de su propio repertorio de costumbres. Algo que, en algunos casos, puede desembocar en una forma de rechazo, lo cual supondría cambiar un apego por una aversión. Es decir, funciona, pero hay que tener cuidado con no entrar otra vez en automático en una nueva obsesión, esta vez orientada a evitar algo en lugar de anhelarlo. Pero en muchos otros casos no basta con la sensatez, y entonces quizá lo más fácil sea un cambio por sustitución: cambiar un hábito por otro que lo remplaza. También esta estrategia a menudo funciona, aunque tampoco deja de ser un paliativo: sustituir un apego por otro apego. Puede ser muy provechoso, pero seguramente es más un parche que una solución. La tercera estrategia, más contundente, es un cambio de perspectiva. Cambiar la forma de ver, sentir y vivir las cosas, anular el apego, ese «*hackear* el cerebro» que se asocia a muchas prácticas meditativas, reconfigurar nuestro cableado neural y nuestro proceso mental. En este caso, el hábito nefasto ni se rechaza ni se sustituye: sencillamente, desaparece. Ya no surge. El deseo, la «sed»[4] que sustentaba aquel hábito, ya no se activa. Pero claro, eso supone, como hemos dicho muchas veces, liberarse de instintos, de lastres psicológicos, y de condicionamientos sociales. Esto no se logra de un día para otro, y requiere compromiso, intención, y sobre todo paciencia, porque recablear neuronas lleva su tiempo. Y muchas prácticas meditativas son precisamente ejercicios de entrenamiento de fondo en este sentido. Meter mano, suavemente y sin prisa, a nuestra condición natural de monos rumiativos, de hábitos automáticos, de mentes emocionales e inestables, para adquirir un estado que va más allá de los planes de la selección natural. O, por lo menos, aliviar un poco la presión de estos planes, para que sus reglas tajantes no lleguen a sacrificar excesivamente nuestra calidad de vida. Y esto vale para todos. Quienes tienen problemas serios pueden emprender este entrenamiento como complemento a su terapia, pero los que todavía no han traspasado un umbral clínico también pueden mejorar su bienestar, cada cual según sus propias necesidades. Quienes tienen una vida más fácil podrán aprender a aprovecharla mejor, y los que tienen una vida más difícil podrán por lo menos llegar a cambiar lo que, a veces sin saberlo, depende de ellos mismos. Recordemos una vez más que muchas veces no podemos cambiar lo que pasa, pero siempre podemos decidir cómo vivirlo. Ni que decir tiene que, sobre todo en lo que se refiere a la salud mental, demasiado a menudo esta no se correlaciona con las dificultades reales de la vida. Bienestar psicológico, salud física y condiciones del entorno se influyen y se relacionan entre sí, pero luego cada cual puede emprender medidas para que los puntos negativos no lleguen a hundir todo el sistema. Hay muchas personas que están muy mal psicológicamente a pesar de no estar enfermas o de no tener problemas socioeconómicos. Y hay muchas personas que, aunque estén enfermas o vivan en una condición social problemática, siguen teniendo motivación, energía, fuerza y estabilidad. Son bien conocidos los casos extremos de los campos de concentración,[5] donde el carácter y la actitud de cada individuo no siempre determinaban su destino histórico, pero sí su destino psicológico. Y he aquí otra curiosa crítica que se suele hacer a la meditación: que es cosa de ricos, y que no cambia la situación de los pobres, demasiado ocupados en buscarse la vida como para sentarse a observar el tiempo pasar. Evidentemente, la crítica es superficial, porque un entrenamiento de tus capacidades atencionales, de tu equilibrio mental y de tu capacidad de visión siempre aportará a tu condición humana, independientemente de tu salario. Somos todos muy distintos, a nivel cognitivo, cultural y social, pero cada persona puede mejorar su estado en su propia medida, siempre y cuando haya intención y compromiso. Y quizá sea precisamente en las situaciones sociales más difíciles donde la resistencia y la resiliencia se vuelvan herramientas cruciales para poder lidiar con las dificultades reales de la existencia.

Una presencia consciente y cotidiana

La práctica meditativa es, al fin y al cabo, un hábito. Más allá de sus conceptos y de sus consecuencias biológicas, es un hábito que podemos introducir en nuestro día a día, tal como hemos hecho con otros hábitos que hemos entendido que son saludables. Todos dedicamos por lo menos unos quince minutos a ducharnos, asearnos y lavarnos los dientes. Y lo hacemos porque es importante. La higiene dérmica es importante. Es importante para evitar enfermedades y, dicho sea de paso, para mejorar algunos aspectos de las relaciones sociales. En nuestra sociedad, sería muy raro que alguien oliese muy mal y se justificase alegando que no se ducha nunca porque no tiene tiempo. Entonces, ¿por qué nos cuesta tanto dedicar quince minutos a una práctica meditativa? ¿Es más importante la higiene física que la higiene mental? Cuando uno no se asea, después de un tiempo huele mal y puede desarrollar infecciones: igualmente, si se descuida el aseo cognitivo e intelectual, se pueden desarrollar parásitos mentales y uno se puede volver socialmente indeseable. Otra analogía es el deporte. Muchos practicamos algún deporte, aunque sea solo ir a correr al parque de vez en cuando. Lo hacemos porque entendemos que es saludable, y además luego nos sentimos mejor. Quien practica deporte puede llegar a dedicar al ejercicio físico unas cuantas horas a la semana. ¿Por qué dedicar el mismo tiempo a un entrenamiento mental nos parece distinto?

La respuesta podría estar como siempre en la vocecita del ego, que intenta evitar ser descubierto. Muy a menudo, cuando alguien se encuentra en una situación de dificultad y estrés y le hablas de la meditación, te responde que no tiene tiempo. Pero el hecho de tener una vida en la que ya no tienes tiempo para ti mismo y para tu bienestar debería delatar una necesidad aún más urgente de reorganizarla. Hay un cuento donde un hombre tiene que talar muchos árboles, pero su hacha ya no tiene filo, y el pobre leñador procede muy lentamente, malgastando su tiempo y sus energías. Un vecino le aconseja afilar el hacha y él le contesta: no puedo, no tengo tiempo. Como suele recordar André en sus libros (citando a san Francisco de Asís), todos deberíamos meditar media hora al día, menos los que no tienen tiempo: esos deberían dedicar una hora.

Una segunda respuesta clásica que se estila cuando propones a alguien una práctica meditativa porque carece de recursos atencionales es: «no puedo, no soy capaz de concentrarme». Lo cual, de nuevo, debería evidenciar aún más la necesidad de entrenar esta capacidad. Decir que uno no medita porque no tiene atención es como decir que no puede hacer un poco de ejercicio físico porque tiene sobrepeso. Si tienes sobrepeso, quizá te vendría bien un poco de ejercicio físico.

Hoy en día ya hay muchas personas, de entornos culturales, sociales y económicos muy distintos, que dedican un tiempo diario a su práctica meditativa. Es un camino personal, individual. Un hábito, un entrenamiento, orientado a desarrollar habilidades cognitivas que mejoran sensiblemente la calidad de vida. Se aplica en cientos de hospitales, con protocolos y estándares que tienen medio siglo de experiencia, control y resultados favorables. También se está implantando tímidamente en la formación escolar, entendiendo que los niños son la materia prima de los cambios generacionales. Aspectos como la higiene diaria, no fumar en locales cerrados, no beber alcohol si vas a conducir, o usar la papelera eran impensables hace tres o cuatro generaciones, mientras que ahora representan conductas (casi) integradas en nuestros principios. Se están empleando prácticas meditativas en diversos casos de malestar social, en las cárceles, o en situaciones difíciles de barrios marginales. Y también para controlar mejor el envejecimiento, sus consecuencias cognitivas y sus patologías. Son propuestas relativamente recientes, si las consideramos en la escala de la historia humana, y no sabemos si lograrán echar raíces. Pero ignorar o descartar esta posibilidad no parece muy sabio.

Desde luego, como en todas las actividades humanas, hay que tener cuidado, porque hablamos de prácticas y conceptos que entran de lleno en la psicología de la gente. Como todo recurso, se puede usar bien o mal. Como todo recurso, habrá quien lo emplee de forma competente y quien no. Habrá quien lo promocione para mejorar la condición humana y quien lo venda con fines personales y comerciales. Al estar tan estrechamente conectada a temas como la espiritualidad o la salud mental, además, la meditación es un cebo fácil para grupos vulnerables, lo cual invita a una monitorización atenta de sus excesos y de sus defectos. El *marketing* y las modas aumentan la difusión de las prácticas meditativas, pero pueden amplificar también abusos, fallos y vicios. Sin embargo, esto no es en absoluto exclusivo de la meditación, sino que son efectos implícitos en cualquier actividad humana. La religión y la política han hecho estragos en este sentido, por no hablar de los excesos del deporte o del espectáculo, o de los tropiezos de la medicina y de la mismísima ciencia. Pero a nadie se le ocurriría rechazar el ejercicio físico como hábito saludable solo porque el mundo del fútbol profesional es corrupto y maneja emociones violentas y groseras. Pocos prefieren un curandero en un sótano a un hospital bien equipado, a pesar de las faltas tremendas y paradójicas de nuestro sistema de salud. Así que es normal que, en el momento en que un hábito se difunde, haya que estar un poco alerta para limitar las chapuzas y los abusos. Pero tirar por la borda la práctica meditativa en función de sus posibles usos indebidos o parciales no parece muy sensato, y como respuesta huele más a ego agobiado que a estrategia bien pensada. Siendo un poco desconfiados, podríamos mencionar también que la difusión de las prácticas meditativas no favorece a muchas empresas, partidos políticos o religiones, que se ceban precisamente de la fragilidad mental. Ciertos comentarios que se leen de vez en cuando en los periódicos para desacreditar o menospreciar las prácticas meditativas huelen terriblemente a maniobra demagógica para contener su difusión, y proteger los intereses de estos mercantes de *dukkha*.

Más allá de las resistencias de nuestra Radio Sapiens interior, que inventa mil escusas para no emprender un entrenamiento cognitivo, luego hay que añadir dos obstáculos ulteriores. El primero es que, como todo ejercicio, también el entrenamiento cognitivo requiere un mantenimiento constante. No vale un atracón de una semana o un mes. Hay que mantenerlo. Pero, también en este caso, no parece ser distinto al resto de los hábitos que mejoran el bienestar. Una dieta saludable hay que mantenerla también, así como el ejercicio físico. Si se abandona, se pierde progresivamente la habilidad o la ventaja adquirida. Esto no quita para que, como en todo, haya altibajos y temporadas, y que un exceso o un defecto puntual o de un período se pueda luego equilibrar con un aumento de compromiso extra. Es la ventaja de la plasticidad neural, pero también su talón de Aquiles: así como se potencia, se puede deteriorar. Impermanencia.

El segundo obstáculo es que la atención no es nada sin... ¡la memoria! De hecho, el término original en pali para la *atención plena* (o *mindfulness*) es *sati*, y existe un debate filológico importante sobre en qué medida esta palabra denota 'atención' y en qué medida, 'memoria'.[6] Hoy en día prevalece la primera interpretación, mientras que en tiempos más antiguos ganaba más crédito la segunda. La clave es que las dos habilidades están integradas: no solo hay que saber estar atento, sino que, sobre todo, hay que ¡acordarse de estar atento! Porque, no lo olvidemos, no estamos programados para este nivel de atención, para estar, como dicen los budistas, despiertos. Estamos programados para entrar en automático a la primera distracción. Estamos programados para reaccionar emocionalmente. Estamos programados para no darnos cuenta de que estamos programados. Así que todo este entrenamiento va en contra de nuestra programación, y requiere atención continua, pero también una buena dosis de lo que se llama memoria prospectiva: acordarse de activar lo que tenemos que activar cuando necesitamos activarlo. Parece fácil, pero no lo es. Basta pensar, por ejemplo, en los sueños: nos atacan dragones y alienígenas, nos encontramos es situaciones imposibles, acompañados por personas que sabemos difuntas y cambiando de escenario casi al azar. A pesar de todo ello, no nos cuestionamos nada. Aunque todo ello choca dramáticamente con nuestra lógica, nos lo creemos, sin hacernos preguntas. No es una casualidad que muchas técnicas para aumentar la frecuencia de sueños lúcidos, es decir, sueños donde somos conscientes de estar soñando, son técnicas de meditación. Hay que aprender a adquirir consciencia cuando nuestro cerebro nos dice que no es necesario, que todo es real, que todo es como lo yo veo, y que no tengo que cuestionarme nada, solo reaccionar y, si se trata de alienígenas o zombis, ¡correr! Así que hay que estar atentos, pero antes de nada, hay que acordarse de que hay que estar atentos.

Ahora bien, el budismo plantea también otro dilema: saber si estas cualidades de atención y consciencia están implícitas en nuestra naturaleza, o si hay que desarrollarlas. Es decir, en qué medida son innatas, y en qué medida son adquiridas. Según el primer caso, estas habilidades ya estarían ahí, aunque ofuscadas por capas de prejuicios, condicionamientos e historias que hemos ido amontonando con los años. Para revelarlas, solo habría que «limpiar» la máquina, oxidada y polvorienta por los eventos de la vida. Sin embargo, de acuerdo con el segundo caso, somos seres con limitaciones, y si queremos superarlas, tenemos que asumir un cierto entrenamiento y seguirlo con la debida dedicación. También en este caso, hoy en día se apuesta más bien por la primera opción, mientras que antiguamente tenía más defensores la segunda. Pero hay que considerar que, si damos por buena la interpretación de la selección natural como artífice de nuestra condición de «dormidos en vida», la segunda opción podría tomar la delantera, puesto que lo que hacemos con nuestro entrenamiento cognitivo no es sino desarrollar capacidades que la evolución ha procurado mantener al mínimo.

De hecho, llama la atención que las prácticas meditativas se hayan reinventado cientos de veces a lo largo de tres mil años; que a pesar de haber demostrado siempre su eficacia, nunca hayan logrado entrar de lleno en el tejido cultural de las sociedades humanas. En general, se han quedado restringidas a un porcentaje limitado de la población. Y, por lo que atañe a nuestra cultura occidental en el último siglo, son prácticas que continuamente representan una «moda», que se mantiene como tal, por lo menos a medio plazo. La palabra *moda* asociada a la meditación o al yoga se encuentra en libros de filosofía, sociología o psicología desde finales del siglo XIX hasta hoy. En todas las décadas. Siempre es una «moda». Con lo cual, siempre está ahí, pero no llega a instalarse en la cotidianidad de nuestra cultura. La meditación perdura como práctica ocasional, pero nunca llega a permear todos los niveles sociales. Somos la especie más cerebral que existe en este planeta, fardamos del poder de nuestra mente, pero luego desconfiamos de una práctica orientada a su desarrollo. ¿Por qué?

Csíkszentmihályi, el mismo autor de la teoría del flujo, propuso varias respuestas posibles para explicar por qué la meditación tiene que reinventarse continuamente. Primero, porque es un tipo de conocimiento que no es acumulativo, es decir, que no se puede simplemente memorizar y pasar a las siguientes generaciones. Es un aprendizaje basado en la metaconsciencia y en las emociones, y se puede obtener solo con la experiencia personal, generación tras generación. Segundo, esta experiencia depende del contexto, y no se puede trasplantar de una sociedad a otra. Es decir, cada vez que hay cambios sustanciales a nivel social o cultural, hay que encontrar una nueva aproximación a la práctica y a los conceptos de la meditación. Tercero, estas prácticas no se pueden institucionalizar, precisamente porque son métodos que pasan por la experiencia directa, y en cuanto se ritualizan y se vuelven automáticos acaban perdiendo su eficiencia. Es el caso de muchos rituales religiosos: las oraciones, por ejemplo, tienen mucho en común con la meditación y con la contemplación, pero si la oración se vuelve un ritual y se repite automáticamente, pierde su valor experiencial, y acaba en la larga lista de automatismos que el ego puede redireccionar a sus anchas.

Aun con estas premisas, es muy curioso lo difícil que resulta trasmitir una cultura meditativa que parece sencilla y muy provechosa, considerando cuánto alardeamos como especie de lógica, de razón, y del inmenso poder de nuestra trasmisión cultural. Exaltamos nuestras capacidades de aprendizaje como una de las claves evolutivas que nos han permitido alcanzar la cumbre de la complejidad tecnológica y social, pero luego demasiadas veces ¡tenemos que emplear el sospechoso refrán «Nadie aprende en cabeza ajena»! ¿Por qué? ¿Por qué el brillante y espabilado *Homo sapiens* no es capaz de aprender en cabeza ajena? ¿Por qué prefiere romperse la suya, más que confiar en alguien en quien, muchas veces, afirma confiar? A pesar de que esta incoherencia es frecuente, seamos sinceros: no es normal, aunque la asumamos solo porque es la regla. Pero tal vez habría que indagar un poco más sobre las razones, psicológicas o evolutivas, de este aparente fallo del pensar común. Podemos valorar qué se esconde detrás de este rechazo individual y social, algo que mantiene las prácticas meditativas en el limbo de una eterna moda, sin que nunca llegue a empapar el tejido cultural de nuestras sociedades, a pesar de sus beneficios cada vez más patentes. Podemos suponer, de hecho, que tal vez la selección no solo haya obrado para generar un ego obsesivo y compulsivo, esclavo de deseos y de aversiones, de expectativas y de inseguridades, sino que además haya echado para atrás las alternativas. Es decir, podemos pensar que hayan actuado dos tipos de selección: una que promociona el ego automático y reactivo, soñador, desatento y esclavo de sus emociones, y otra que haya eliminado a quien se hacía demasiadas preguntas. Es una posibilidad que no podemos descartar, en un escenario bastante más amplio.

Atención plena y selección natural

Dentro del marco de la meditación, en nuestra sociedad ya lleva medio siglo abriéndose paso el concepto de *mindfulness*. Como hemos mencionado, es una palabra que se suele traducir como 'atención plena', aunque su origen lingüístico mezcla atención y memoria. Es un término que se usa, además, con diferentes niveles de significado, porque se emplea para describir una serie de prácticas meditativas, las habilidades cognitivas que se relacionan y se desarrollan con ellas, una condición o un estado mental producido por estas habilidades, una actitud, e incluso un estilo de vida. Dada la complejidad del concepto y sus diferentes usos, no es de extrañar que al final haya un poco de confusión a la hora de preguntarse ¿qué es el *mindfulness*?

Tal y como lo define Jon Kabat-Zinn, el *mindfulness* es la capacidad de prestar atención intencionadamente al momento presente, sin juicios.[7] Así que necesitamos atención, intención, momento presente, y ausencia de juicios, y es útil analizar estos cuatro elementos, porque solo su fantástica combinación puede generar lo que llamamos *mindfulness*. El primer elemento es la *atención*, lo que viene a ser todo el paquete atencional que hemos mencionado hasta ahora (capacidad de concentración, selección de estímulos, la posibilidad de resistirse a los distractores internos y externos, etc.), pero sobre todo el «darse cuenta», es decir el percatarse, el *awareness*, el ser consciente de lo que ocurre. El segundo elemento es la *intencionalidad*, un factor clave: no vale acudir al momento presente por casualidad o por automatismo, sino que tiene que ser una decisión activa y sostenida por medio de la voluntad. De hecho, a menudo se dice que muchos animales viven mucho menos estresados que nosotros porque solo atienden al momento presente, pero es evidentemente una afirmación superficial, porque hablamos de seres que no tienen alternativa, no deciden, no lo hacen por su propia voluntad, y sobre todo, no saben que lo están haciendo. El tercer elemento, el *momento presente*, nos lleva a lo que está sucediendo, a lo que está ocurriendo, lo cual excluye lo que ya ha pasado y lo que todavía no ha ocurrido. Lo que ya ha sido y lo que será, sencillamente, no están aquí en este momento, y de hecho ni siquiera podrían estar, porque no existen: solo existen imágenes y palabras, que confundimos con pasado y futuro, pero que al fin y al cabo son una forma más de presente. El momento presente es algo ampliamente perceptual, sensorial, corporal. Desde luego, puede incluir pensamientos y emociones, pero que solamente viven entre el breve momento de su insurgencia y el siguiente de su desaparición, sin quedarse, sin generar un eco que persista más allá de su tránsito, y sin activar aquella manía rumiativa propia de la red neuronal por defecto. Saber observar el momento presente quiere decir también saber observar nuestras emociones y nuestros pensamientos, pero sin apegarse a ellos: detectar su aparición y dejarlos pasar, sin más. De hecho, como ya hemos visto, en el budismo la mente (en el sentido limitado de generación de pensamientos y emociones) es el sexto sentido, como si fuera un órgano sensorial que captura estímulos cognitivos, a modo de antena. Sea como fuere, el yo, unidad cognitiva consciente, se vuelve en el momento presente punto de encuentro entre espacio (aquí) y tiempo (ahora). Y la percepción es la energía que mantiene activo el flujo. Finalmente, por lo que atañe la *ausencia de juicios*, el cuarto elemento del póker, estamos hablando de una condición de pura observación, pura contemplación, sin valoraciones, sin expectativas, sin consideraciones: solo detectar. Solo estar.

Estar aquí, en el momento presente, habitando un cuerpo. Ocupando un espacio perceptivo, un campo de energía sensorial que recibe informaciones y nada más. Se trata de reconocer el papel del yo como testigo que, a través de su pantalla (la consciencia), solamente observa; observa el cambiar de las percepciones, de los pensamientos, de las emociones, de los eventos.

Los beneficios de este modo cognitivo y de esta actitud son de sobra conocidos, y abundan los ensayos de divulgación y artículos científicos dedicados a ello que ponen de manifiesto que, si bien existe una variabilidad individual en cuanto a los niveles de facilidad o dificultad personal para entrar en este estado, es algo que se puede mejorar y entrenar, cada cual según sus posibilidades, sus tiempos, y sus métodos.

En psicometría se intentan medir de alguna forma las habilidades cognitivas, para poder comparar grupos y encontrar relaciones con otros factores. Y en los últimos años se ha investigado mucho sobre la forma de medir esta capacidad de atención plena. Evidentemente, con todas las dificultades del caso. Por ejemplo, se intenta evaluar algo que recibe el nombre de *mindfulness disposicional*, donde «disposición» se refiere a una capacidad implícita, una capacidad inherente que varía en la población, y que se fundamenta en algún factor biológico, tal vez asociado a una genética de fondo, o quizá a eventos y experiencias de la vida. Medir algo tan complejo e impreciso es muy complicado y, por el momento, estas medidas han dado resultados interesantes aun con un buen margen de incertidumbre. Muchos tests que se llevan a cabo, por ejemplo, son cuestionarios de autoinforme, en los que el sujeto valora su propia experiencia o su grado de expresión en diferentes aspectos de su vida cotidiana. Por un lado, los cuestionarios de autoinforme tienen limitaciones patentes, porque son subjetivos tanto en la interpretación como en la calificación. Pero, al mismo tiempo, parece que tampoco funcionan tan mal, porque cuando luego estas puntuaciones se correlacionan con algo más objetivo (por ejemplo, con escáneres cerebrales o con valoraciones más cuantitativas de algunos aspectos concretos del panorama cognitivo o de la vida cotidiana), suelen tener un buen nivel de acierto.

Lo curioso es que, por lo que sabemos hasta la fecha, esta capacidad endógena de *mindfulness* no se asocia de forma muy tajante a un factor cognitivo en concreto. Como es de esperar, dentro de los famosos *big five*[8] de la psicología, la habilidad de generar y mantener un estado *mindful* tiene cierta correlación con la apertura mental, y es algo bastante incompatible con el neuroticismo. Pero al final parece ser una habilidad que tiene una combinación propia, factores ajenos o transversales a las habilidades genéricas de nuestra mente. Es decir, personas que difieren mucho en sus habilidades cognitivas o en su personalidad pueden presentar una elevada capacidad de atención plena. Lo cual permite suponer que se trata de una habilidad cognitiva específica, o que es el resultado de una mezcla de otros factores cognitivos, y que se puede alcanzar la misma predisposición (una facilidad para un estado *mindful*) mediante combinaciones diferentes, a través de caminos distintos. Si nos ceñimos a la definición de Kabat-Zinn (que es la más conocida, pero también la más clara y, probablemente, la que es más útil y completa a nivel pragmático), tenemos que pensar que en esta atención plena disposicional deben intervenir componentes mentales del sistema atencional (que ya por sí mismo tiene facetas muy variadas), relacionados con la voluntad y la sensibilidad a la percepción, además de una buena dosis de capacidad de desapego conceptual y emocional. Ahora bien, la pregunta es: ¿puede este paquete tan heterogéneo de rasgos ser objeto de selección natural?

Cuando el Buda encuentra a Darwin

Si queremos intentar responder de forma rigurosa y científica a esta pregunta, hay que considerar y contrastar diferentes hipótesis, y yo creo que hay por lo menos cinco distintas. Pero para entenderlas es necesario hacer un alto en el camino a fin de explicar ciertos conceptos evolutivos.

Como hemos visto al inicio de este libro, el criterio único e indiscutible de la evolución es el éxito reproductivo: quien deja más hijos, transmitirá en mayor medida sus rasgos genéticos. La capacidad reproductiva es la clave de lo que se llama «la *fitness* evolutiva», o sea, el grado de adaptación de una especie o de un individuo a su entorno. A veces se escuchan versiones más generales de esta perspectiva, que apuntan por ejemplo a la supervivencia de los individuos. Pero en realidad son corolarios, que al final siempre llevan al mismo parámetro: la reproducción. De hecho, a ojos de la selección natural, de poco sirve sobrevivir o vivir mucho si esto no se traduce en mucha descendencia. También hemos visto que hay aspectos que la selección no controla perfectamente, como los rasgos que vienen en conjunto de caracteres, los rasgos que dependen de los estímulos ambientales, o las vueltas imprevistas del destino. Pero cuando hablamos de rasgos «naturales» estamos hablando de rasgos biológicos que, de una forma u otra, han pasado la criba imperfecta pero atenta de la selección natural.

A veces se habla de «selección positiva» cuando un cierto rasgo aumenta el éxito reproductivo y, por ende, será seleccionado favorablemente por la evolución, y de «selección negativa» cuando este rasgo perjudica el éxito reproductivo, por lo que será tendencialmente eliminado con el tiempo. Ahora bien, para evitar malentendidos, hay que aclarar que aquí los términos *positiva* y *negativa* son convenciones lingüísticas, como siempre. Primero, porque hablar de positivo o negativo en este contexto no representa, desde luego, un juicio de valor, sino que se refiere a la dirección de la selección, que favorece (positivo) o desfavorece (negativo) un cierto carácter. De hecho, ambos tipos de selección se etiquetan como «selección direccional». Segundo, porque en realidad positivo y negativo dependen del rasgo que estemos considerando, del rasgo que nos interesa, ya que si consideramos su opuesto, cambiará la definición que empleemos. Por ejemplo, si descubrimos que en una especie de roedores un menor tamaño del cuerpo se asocia a una mayor reproducción, podemos decir que el tamaño pequeño será probablemente seleccionado positivamente. Lo cual, a la vez, también se puede expresar diciendo que el tamaño grande será seleccionado negativamente. Así que hay que recordar que estos términos son jerga convencional, solo para explicar si la selección rema a favor o en contra. Sin embargo, si la selección prefiere valores intermedios, hablaremos de «selección estabilizadora». En este caso, los que se reproducen más son los que están en el medio (en el caso de los roedores de antes, los que tienen un tamaño promedio), y poco a poco la selección recortará los extremos de la distribución. Es evidente que, en muchos casos, una selección direccional acabará, antes o después, transformándose en estabilizadora, porque es irreal aspirar a poder aumentar o disminuir un rasgo al infinito. Es decir, es frecuente que la expresión de un cierto rasgo tenga que estar en un cierto rango de valores para ser eficiente a nivel reproductivo. En algunos casos, probablemente más peculiares, la selección puede favorecer los extremos («selección disruptiva»), y en este caso poco a poco se generará una separación entre los extremos de la distribución, con la posible formación de dos especies (en el caso de los roedores, una especie muy pequeña y otra muy grande). Por supuesto, cabe también la posibilidad de que el rasgo en cuestión le resulte indiferente a la selección, porque no tenga consecuencias en el éxito reproductivo. En este caso, la selección se desentiende del rasgo, que evolucionará por razones a menudo asociadas al azar («selección neutral»). Todos estos casos se pueden aplicar a rasgos discretos, es decir, donde lo que se selecciona es su presencia o su ausencia, o a rasgos continuos, donde hay un rango de expresión del carácter (Figura 13).

Una vez aclaradas estas premisas generales, ya podemos preguntarnos si el paquete de habilidades que constituyen el *mindfulness* es algo natural, o sea el producto de una criba de la selección natural porque tenga algún tipo de efecto sobre la tasa de reproducción de los individuos. Como decía, veo por lo menos cinco distintas posibilidades.

La primera hipótesis propone que esta habilidad de atención plena (o, mejor dicho, esta combinación de habilidades) haya sido seleccionada positivamente por la evolución porque aumenta el éxito reproductivo. Es sabido que una mente *mindful* puede canalizar mejor las energías cognitivas, incluso la creatividad y la resolución de conflictos, y está más protegida contra el estrés físico y

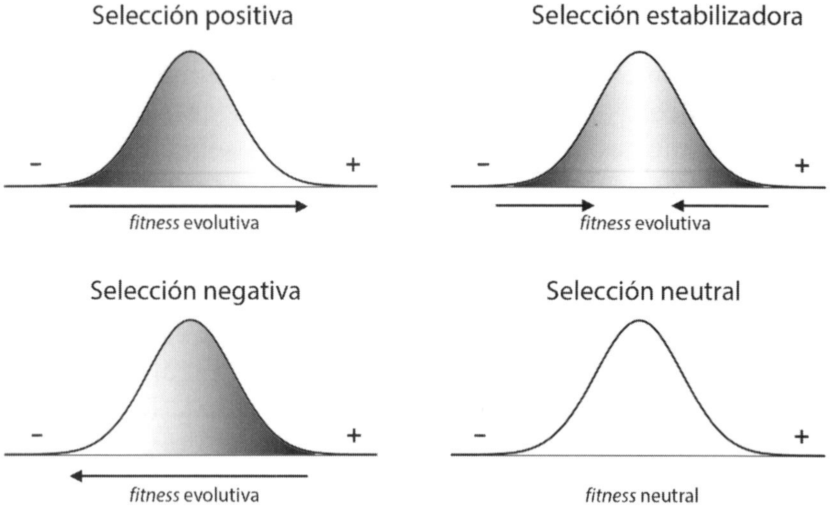

Figura 13. Selección natural. La selección aumenta (flecha) o disminuye la frecuencia de un rasgo (o de un grupo de rasgos) en función del éxito reproductivo (*fitness* evolutiva) que este rasgo conlleva con su aumento (+) o con su disminución (–).

psíquico por su mayor resistencia y resiliencia. Cabe determinar si esto puede aumentar el número de hijos o no. Además, podríamos pensar que, al haberse encendido la Radio Sapiens, fuera necesaria una habilidad *mindful* para limitar los excesos y el descontrol de la red por defecto, de las rumiaciones, del vagabundeo mental extremadamente desconectado de la realidad. Si este fuera el caso, la evolución podría haber seleccionado, de forma gradual o de repente, a quien tuviese este paquete cognitivo añadido al programa general. Y en tal caso, podríamos decir que la capacidad de activar una atención sostenida, intencional, consciente y desapegada es un rasgo adaptativo de *Homo sapiens*.

La segunda hipótesis plantea que una habilidad atencional de este tipo no tiene importancia en la selección evolutiva, y se divide en dos variantes. La primera considera que una actitud *mindful* no tiene ningún efecto preciso en el éxito reproductivo, y la segunda, que, aunque lo tuviera, no es posible actuar una selección sobre este factor, por ser demasiado heterogéneo a nivel cognitivo y genético. En este segundo caso, su naturaleza multifactorial (es decir, que sea determinada por factores muy distintos) haría difícil para la selección apoyar a quien tiene más o menos atención plena, sencillamente porque se mezclan tantos elementos que es imposible canalizar, genéticamente, los resultados de esta criba. Es decir, el grado de atención plena de los hijos no es suficientemente predecible a partir del grado de atención plena de los padres, con lo cual la selección sencillamente no funciona, no puede obrar. La dificultad que encuentran las técnicas meditativas para arraigarse en las sociedades humanas puede que otorgue cierto peso a esta hipótesis neutral, donde una habilidad de atención plena no entra o no puede entrar en el proceso de filtro de la selección. De hecho, en muchísimas ocasiones diríamos que no hace falta una atención sostenida, intencional y consciente para reproducirse más. En este caso, tenemos que explicar la evolución de esta habilidad por un camino que no sea selectivo. Una posibilidad es que sea un factor emergente, es decir, una función nueva que surge de la integración de otras más básicas. Puede que nuestra complejidad cognitiva haya generado, por juegos impredecibles de las redes neuronales, la posibilidad de estar intencionadamente consciente y atento, sin que esto haya tenido o tenga un papel en los criterios selectivos. Lo que viene a ser una «singularidad cognitiva».[9] La singularidad está ahí, vinculada a nuestra complejidad mental, pero no tiene un peso directo en la tasa de reproducción, y es por ende silenciosa a la criba de la evolución. Es interesante notar que si la atención plena es un fruto azaroso de nuestra complejidad evolutiva, entonces tenemos que suponer que su grado de expresión es muy variable. Considerando el enorme peso que puede tener en la forma de ver y de vivir la vida, podría representar un importante factor de distancia cognitiva entre individuos, pues generaría mentes que sienten y razonan de forma absolutamente diferente, e incluso tal vez incompatible en muchos aspectos.

La tercera hipótesis propone que una atención plena constitucional y endógena pueda incluso perjudicar el éxito reproductivo. Que también es sensato, a la luz de lo que hemos dicho sobre una selección natural que nos quiere desatentos, automáticos, irreflexivos, insaciables, compulsivamente deseosos, emocionales y pasionales. Ciertamente, una actitud *mindful* rebaja todo instinto de competitividad, antagonismo y agresión, una serie de elementos que, en una sociedad de cazadores recolectores y guerreros, pueden ser determinantes. De hecho, podríamos pensar que quien más se reproduce no es precisamente quien lleva una vida más sosegada y consciente. Y, mira tú por dónde, quienes más han desarrollado el *mindfulness* son monjes y ascetas, o sea, una tipología humana que precisamente no destaca por su contribución genética a las generaciones futuras. En este caso, una habilidad *mindful* se podría haber generado como función emergente, y desde entonces la selección se encargaría de tener esta capacidad bajo mínimos. Cuanto más *mindful*, sosegado y reflexivo eres, menos te reproduces, aunque la complejidad y heterogeneidad de esta función no permita a la selección borrarla del todo del escenario mental de estos homínidos cabezudos.

La cuarta hipótesis es la selección estabilizadora, o sea, una mezcla de selección positiva y negativa: la selección favorece a quien tiene una «justa medida» de *mindfulness*, es decir ni poca ni demasiada. Un defecto de atención plena no permite desarrollar creatividad o control emocional, ni lidiar con los excesos del vagabundeo mental. Pero si es excesiva, empieza a disminuir la capacidad competitiva del individuo, y a mermar su afán reproductor. Así que, poco a poco, se estabiliza un cierto grado de habilidad atencional y consciente. Dentro de la curva de la variabilidad, quien está en los extremos se reproduce menos. Desde luego, también esta posibilidad tiene su razón de ser.

Una quinta hipótesis (que podría ser la más compleja e interesante) se basa en la importancia del grupo social en los primates. Si la selección obra para optimizar la reproducción del grupo, es posible que la capacidad reproductiva de los individuos, separadamente, no cuente mucho. Lo que cuenta es el conjunto hábil de la comunidad. En este caso, podemos pensar que, en un grupo, sea útil tener «un cierto número» de individuos *mindful*, un cierto porcentaje. No importa si esto afecta o no a su reproducción (de hecho, puede que para ellos valga la tercera hipótesis, y se reproduzcan menos), pero es importante que estén, para optimizar la reproducción del grupo. Pueden ser individuos con ciertos roles funcionales (líderes, chamanes, artistas, intelectuales) o que, por el contrario, estén escondidos en el tejido social de la comunidad, aportando estabilidad sin que se note. Pero tienen que estar. Es difícil imaginar cómo podría trabajar la selección, genéticamente, con una habilidad multifactorial y filtrando además no individuos, sino porcentajes de individuos. Pero es razonable pensar que una cierta cantidad de individuos atentos y conscientes puedan favorecer el éxito del grupo.

Ahora bien, la diferencia entre hipótesis científicas y opiniones personales es que las primeras se deben poder valorar, testar y validar, a ser posible con métodos cuantitativos que puedan descartarlas si es que no son compatibles con las observaciones, o por lo menos devolver una probabilidad que nos diga cuánto se ajusta la hipótesis a los datos disponibles. Entonces, tenemos que preguntarnos: ¿Se puede analizar todo esto? ¿Podemos cuantificar algo, para avalar o descartar algunas de estas hipótesis? ¿Se puede hacer una criba estadística de las hipótesis que no consiguen explicar los hechos, que no cuadran con lo que observamos? Hay que reconocer que en algunos casos esta validación es más fácil, mientras que en otros (como en este) es claramente más difícil. Aun así, podríamos, por ejemplo, intentar medir el *mindfulness* disposicional en cazadores recolectores, y ver si y cuánto se correlaciona con su éxito reproductivo. O hacer lo mismo considerando grupos distintos. Lo cual arrojaría algo de luz para saber si una habilidad intencional, atenta y consciente supera o no los umbrales sensibles de la selección natural. Aun así, la cosa se complicaría al intentar extrapolar todo ello al contexto presente y a nuestras sociedades, que, pese a su inercia genética casi total, tienen una diversidad geográfica, cultural e histórica realmente asombrosa. Pero por lo menos investigar en esta dirección nos puede decir si, y en qué medida, este conjunto de habilidades puede merecer de verdad la etiqueta de «naturales». Indagar la historia natural de nuestra atención intencional, sostenida y consciente puede sugerirnos en qué medida sus habilidades tienen raíces profundas en nuestra programación filogenética, en qué medida estamos vinculado a ellas, y en qué medida podemos trabajar, a nivel individual y colectivo, para optimizar estos recursos. Poder identificar los universales de nuestra atención es fundamental para conocer sus fortalezas y sus debilidades, y a partir de ahí tomar decisiones y elegir estrategias. Una información delicada y potente que, como toda información, sirve de poco si no se digiere oportunamente, transformándola en conocimiento. Lo cual es el paso previo y necesario para poder asimilar una forma distinta de vivir la vida, y llevar este conocimiento a nuestra esfera cotidiana. Es decir, superar los límites impuestos por nuestra propia evolución y convertir en hábito ese estado de atención intencional, sostenida y consciente.

6

Olvido y despertar

Lo mejor que podamos

Utilizando una metáfora un tanto extrema, Robert Wright identifica la selección natural con las máquinas de Matrix, que nos crían como pilas energéticas mientras nos generan la ilusión de una vida real. La metáfora, a pesar de ser extrema, es bastante adecuada. En términos darwinistas, la criba evolutiva se basa en un algoritmo sencillo: los que se reproducen más dejarán más genoma, o sea, individuos que se parezcan a ellos. Así que, poco a poco, los rasgos se irán desplazando hacia las combinaciones que más éxito reproductivo otorguen. Luego, hay que añadir a este esquema una larga serie de factores que complican bastante la cosa, con lo cual tampoco hay que esperar que la criba sea tan lineal. El ambiente cambia de forma caprichosa, así que el criterio de adaptación también cambia continuamente: lo que hoy viene bien, mañana no sirve. Y viceversa. Además, entre genes y rasgos no existe una relación tan precisa, sino que más bien se seleccionan conjuntos de genes y rasgos, paquetes en los que hay un poco de todo, y cuya mezcla puede dar sorpresas repentinas. Y finalmente está el azar, impredecible por definición, que genera tajantes contratiempos, sin avisar. Estos dos últimos factores, la mezcla de combinaciones y la contingencia, a veces obran juntos y generan lo que en la teoría de sistemas se llama «funciones emergentes», es decir, nuevos procesos que no son predecibles a partir del análisis de sus componentes por separado, sino que se dan solo cuando las partes interactúan entre sí. Esto puede provocar saltos evolutivos sorprendentes e incluso, en ocasiones, maravillosos.

En este contexto, compartido con helechos y lombrices, águilas y cucarachas, se han desarrollado los primates a lo largo de los últimos setenta millones de años, el género *Homo* en los dos últimos millones, y nuestra especie en los últimos 300.000. Con dos factores añadidos: la apuesta por la complejidad cerebral y cognitiva, y la apuesta por el grupo social. Así, poco a poco o a saltos, se han moldeado nuestro cerebro, nuestro cuerpo, nuestra mente, nuestra cultura: optimizando el éxito reproductivo del grupo. En nuestra especie, diferentes factores han generado una discontinuidad bastante evidente con el resto de los simios y monos, la cual nos ha llevado a un asombroso desarrollo social y tecnológico y, consecuentemente, a un descomunal éxito reproductivo. La capacidad de imaginación visual, el lenguaje, y una poderosa red atencional han generado sistemas increíblemente capaces de analizar, proyectar, prever y recordar. Pensamos por imágenes y por palabras, manejando informaciones *off-line* que se descuelgan de los sentidos, del cuerpo, y del momento presente. Podemos generar todos los pasados y futuros posibles, lo cual, como en la biblioteca de Babel de Borges, puede fácilmente conducirnos a la locura. Nuestro sistema atencional, que filtra y orienta el flujo de información, es excelente, pero aun así no puede con un caudal tan descontrolado de imágenes y palabras que, al tomar el control, generan una poderosa narrativa, con sus personajes ficticios, sus sesgos, sus creencias, sus debilidades, sus miedos y sus obsesiones. Los instintos, las cicatrices de la vida y una avalancha de presiones sociales construyen un ego que vive en un mundo virtual, construido encima de toda aquellas proyecciones, de aquellas obsesiones compulsivas, de aquellas creencias, de aquellas debilidades; un mundo de relaciones basadas en apegos y aversiones, donde el yo, unidad cognitiva consciente de una red ecológica mucho más extensa que sus fronteras dérmicas, cree ser el protagonista; un personaje que finalmente toma las riendas de tu vida. Es como empatizar tanto con el protagonista de una película que al final te identificas con él, vives y sufres sus emociones, sus pensamientos, sus vivencias, sin tener por supuesto ningún tipo de control sobre todo aquello. Para el algoritmo evolutivo, este escenario es adecuado y provechoso, porque todas las pulsiones y los condicionamientos que caracterizan las reacciones de aquel personaje aumentan su éxito reproductivo. Pero el individuo paga el precio de este montaje, que le acarrea sufrimiento, una insatisfacción crónica, una sed insaciable, y el estrés continuo de querer que las cosas no sean como efectivamente son. Para unos cuantos, esta situación se vuelve inaguantable, y desgarra la vida. Para otros no acarrea un peso insostenible, pero aun así arrastran su existencia en un continuo estado de carencia, de renuncia y de resignación. En mayor o menor medida, el pasado y el futuro se apoderan del presente, que se tiñe de ansiedad, de desatención, de anticipación, de ausencia, de expectativas, de esperanzas. Y ojo, que tener esperanza no es lo mismo que tener ilusión. Estar ilusionado[1] con algo depende solo de uno mismo, y atañe al presente (decimos «*estoy* ilusionado», no «*estaré* ilusionado»). Sin embargo, cuando tenemos esperanza de que pase algo, ese algo en general depende de los demás, y atañe al futuro. Mario Monicelli, director de muchas películas italianas que relatan las paradojas de la vida, decía que la esperanza es un engaño inventado por el poder, en particular el poder político y religioso, para manipular a la multitud con promesas y recompensas. El valor incondicionalmente positivo que otorgamos a esta palabra sugiere que el invento está bien ingeniado, y lo está porque se sustenta en debilidades humanas muy profundas, en el vacío existencial, la insatisfacción o el miedo, y en la promesa de un cambio. Ese cambio que se espera no depende de uno mismo, sino de los demás, de los otros, de fuerzas oscuras o del sistema. La esperanza genera una narrativa que alivia el malestar, pero al mismo tiempo lo sustenta, porque en lugar de centrar el cambio en el individuo lo pone «a la espera» de acontecimientos y factores que no dependen de él, que él no puede y no podrá nunca controlar. La *esperanza* tiene su raíz en la *espera*. Mañana. El futuro. No hagas nada. Espera. Un poco más. Y más.

¿La alternativa? Desmontar, en la medida de lo posible, este escenario. «En la medida de lo posible» quiere decir teniendo en cuenta que somos primates y seguiremos siendo primates, con una programación evolutiva que nos empapa hasta la médula. Y también teniendo en cuenta que la diversidad humana es descomunal, tanto a nivel sociocultural como a nivel cognitivo, con lo cual no podemos pensar que tenemos todos el mismo contexto o las mismas posibilidades. Pero todos podemos obrar para equilibrar un poco mejor nuestra situación personal. Como hemos dicho, la prioridad de la evolución es la difusión y la perpetuación de la especie, pero la prioridad del individuo debería de ser vivir una vida plena, sana y feliz. Seamos sinceros, para nosotros como individuos la continuidad de la especie no es realmente importante: primero, porque es un anhelo automático que nos ha inculcado la selección natural; segundo, porque no depende de nosotros mismos; y tercero, porque es un ideal ficticio, inalcanzable, considerando que todas las especies, antes o después, se extinguen. Además, con ocho mil millones de individuos y unos cuantos problemas derivados de la sobrepoblación, no parece que por el momento nos debiera preocupar excesivamente la extinción de nuestro linaje. Pero sí su calidad de vida, que en demasiados casos ronda entre mala y pésima.

Deshacer el modelo cognitivo de la selección no es fácil, así que por un lado hay que implicarse, en pro de nuestro bienestar personal, pero al mismo tiempo no hay que obsesionarse, sabiendo que lo que buscamos no es una solución definitiva, sino una mejoría que nos permita disfrutar de una vida lo más serena y gratificante posible. Hagamos lo mejor que podamos. Desde luego, si no hacemos nada y nos limitamos a esperar (en el sentido de esperanza y de espera) que los demás cambien, que la gente cambie, que el mundo cambie, es muy probable que acabemos todos esperando, sumergidos en nuestra realidad virtual forjada por instintos automáticos, dolencias psicológicas, y exigencias sociales. Lo cual nos destina al espacio de ansiedad y aburrimiento de Csíkszentmihályi, a los cuadrantes de estrés, apatía y agotamiento de André, o a permanecer atrapados en nuestra jaula de confort de Pema Chödrön, cada día más pequeña, cada día más estrecha, y cada día más acorralados entre sus rejas.

En unos cuantos casos, como hemos dicho, esta situación lleva directamente al individuo a traspasar su propio umbral de tolerancia, y se ve abocado a una condición clínica, con un diagnóstico, muchos fármacos, y un largo camino cuesta arriba. Para otros, sin embargo, la situación será mucho más liviana, lo cual no quiere decir que sea agradable. Por lo que sabemos, tenemos solo una vida, y no parece sabio malgastarla en apuros, ansiedades, rencores y sufrimientos. Sea cual sea el peso de estos factores en nuestra existencia, habría que minimizarlo. Para romper el hechizo evolutivo hay que reforzar las habilidades que tenemos poco desarrolladas, como la red atencional, la percepción, la capacidad de observación, la intencionalidad, la consciencia del momento presente. Como *Homo sapiens*, nos hemos especializado en «hacer», en resolver problemas, en generar imágenes y palabras, en imaginar, en manejar una atención focalizada y ejecutiva que persigue un objetivo, en dejar libre la red neuronal por defecto y razonar con nuestro sistema conceptual (Figura 14). Pues excelente, porque todo ello nos ha llevado a forjar nuestras capacidades cognitivas tal como son, con sus grandes éxitos. Pero son armas de doble filo, y pagamos continuamente sus excesos, así que para equilibrar un poco la situación como individuos habrá que reforzar sus opuestos, que tenemos desde luego muy flojos. Tendremos que entrenarnos para «ser» y para sentir, para saber escuchar al cuerpo, para conocer nuestras percepciones y dejar nuestra atención abierta, sensible, sin filtros o sesgos, despierta y consciente, potenciando sus circuitos y explorando una forma de responder más sosegada e intuitiva. Y, desde aquel espacio donde el ego tiene menos margen de maniobra, reducir el peso de los condicionamientos naturales, psicológicos y sociales. Quitar. Deshacer. Limpiar. El resto, poco a poco, según una cómoda ley de progresión gradual proporcional al compromiso personal, se irá reconstituyendo.

Ese estado donde todos aquellos condicionamientos ya no existen, donde el ego ha desaparecido por completo, los budistas lo

Especialización evolutiva		**Entrenamiento alternativo**
Hacer	⟷	Ser
Imágenes y palabras	⟷	Cuerpo
Modo *off-line*	⟷	Modo *on-line*
Atención focalizada	⟷	Atención abierta
Selección *top-down*	⟷	Percepción *bottom-up*
Atención ejecutiva	⟷	Alerta y conciencia
Red neuronal por defecto	⟷	Red atencional
Sistema conceptual	⟷	Sistema holístico-intuitivo

Figura 14. Opuestos. Si algunas de nuestras especializaciones evolutivas nos crean problemas individuales, habrá que entrenar sus opuestos, dedicando un tiempo a desarrollar aquellas habilidades que tenemos menos ejercitadas.

llaman «iluminación», o «despertar». La palabra *iluminación* a mí no me convence mucho, porque tiene matices ambiguos, que confunden campos semánticos que creo que es mejor mantener separados. No olvidemos que el budismo, a pesar de su marcado componente filosófico y de su ausencia de unidad cultural, tiene raíces religiosas que son patentes e indiscutibles. Junto a una estructura lógica y racional realmente ejemplar, se encuentran doctrinas, rituales y creencias que van mucho más allá de los elementos empíricos que son el fundamento de la meditación. De hecho, desde hace casi medio siglo, el budismo colabora con la neurociencia occidental, llevando a cabo un virtuosismo de integración cultural entre mundos tan diferentes como complementarios, pero habrá que ver si también abrazará, con la misma ilusión, la posible aportación de las teorías evolutivas. La estructura de la neurona no choca con los elementos místicos, religiosos y mitológicos de la fe, pero los principios evolutivos puede que toquen algunos nervios descubiertos. Incluso en el budismo secular, a veces se intuyen resistencias hacia las teorías evolutivas, y me he encontrado en situaciones donde, frente a una defensa incondicional de los modelos psicológicos (a veces místicos) de las disciplinas orientales, la evolución se tachaba de «especulativa».

Confieso que el término *despertar* me gusta mucho más. Me recuerda además a los despertares de Oliver Sacks y a sus pacientes postencefalíticos, que volvían momentáneamente de un dramático letargo gracias a un cambio bioquímico sutil en su sistema nervioso.[2] Algo se desbloquea, y se pasa de un modo a otro. El flujo entre cerebro, cuerpo y ambiente, cambia. Es otro estado fisiológico. La filosofía budista asocia esta transición a un verdadero despertar de los sentidos, donde la existencia cobra vida y, sobre todo, donde caen las ilusiones y los espejismos del ego, de los automatismos, de los prejuicios, de las narrativas postizas que nos encarcelan y que empobrecen nuestra calidad de vida. Despertar de un sueño que es solo una proyección, pero que no por ello duele menos.

Ahora bien, un estado libre de los condicionamientos cerebrales se puede alcanzar, desde luego, de distintas formas, con resultados a veces muy similares. Parece que las más rápidas son las drogas psicotrópicas de toda la vida, desde los hongos mágicos, las hierbas y los potingues de producción prehistórica y casera, hasta la más refinada psilocibina moderna. El camino es rápido, y se presta a una larga serie de aplicaciones que abarcan lo lúdico, lo clínico y lo místico, sin solución de continuidad. Los chamanes más intrépidos, sin embargo, sospechan que esta forma de trascender tus propios vínculos sea un atajo tal vez poco noble, y prefieren un camino más comprometido: privación sensorial, fatiga, estrés fisiológico, hasta que llega un momento en que el cerebro ya desconecta de la rutina y empieza a chispear con patrones más insólitos, revelando tal vez una forma distinta de ver las cosas. Finalmente, incluso dentro de las tradiciones meditativas, hay escuelas y prácticas de todo tipo, que abarcan extremos fisiológicos y psicológicos bastante diversos.[3] ¿Qué tienen en común muchos de estos métodos? Por ejemplo, que apagan la red neuronal por defecto. Rebajan el peso del ego, sus historias, sus expectativas, sus proyecciones. Reorientan la atención desde un modo prevalentemente *top-down* (la búsqueda de algo) hacia una apertura mucho más *bottom-up* (la experiencia sensorial tal como es). En mi opinión personal, si es que esta apertura y esta liberación del yugo pesado del ego sirve para mejorar el bienestar psicológico, sería mejor encajarla en un proceso gradual de desarrollo personal, un camino de cambio y de integración, de comprensión y de descubrimiento consciente, más que limitarla a los efectos momentáneos de un producto químico o a una práctica que lleve al cuerpo fuera de sus límites de tolerancia y de seguridad. No excluyo que una experiencia psicodélica, dentro de un cierto marco estructurado, o incluso una experiencia fisiológica extrema puedan aportar una visión distinta que, en ciertos casos y en ciertas condiciones, aporte al proceso de crecimiento. Pero, en general, lo suyo sería llevar a cabo un camino de «despertar» con nuestras propias fuerzas, con nuestro compromiso, paso a paso, aprendiendo a observar, a sentir, a explorar nuestras sensaciones, nuestros pensamientos y nuestras emociones, integrando las perspectivas que se van generando con un estilo de vida coherente y satisfactorio.

Como hemos mencionado, más allá de una práctica *samatha* que desarrolla sosiego, calma, desapego y capacidad de observación consciente, está la meditación *vipassana*, más introspectiva, que se suele llamar «de la visión clara» porque se contrapone a la visión distorsionada o defectuosa del ego. Hay que hacer, de todas formas, una aclaración importante sobre la posibilidad de ver «las cosas como son». A pesar de que en muchos contextos, tanto de la meditación como de la fenomenología (por no hablar de las drogas), se afirma que existe la posibilidad de entrar en un estado de percepción pura, sin ego, incluso sin yo, no estoy seguro de que hoy en día dispongamos de evidencias científicas de que algo así exista realmente, tanto biológica como conceptualmente. Por un lado, en el momento en que un estímulo (la excitación del órgano sensorial) se convierte en percepción (en el cerebro), ya ocurre una descodificación que, en la medida que sea, interpreta esta señal dentro de un marco cognitivo. Pero, si uno quiere ser tiquismiquis, sabemos que la misma estimulación sensorial no puede ser pura, por lo menos en el sentido de que no representa una realidad, sino una transducción electromagnética basada en un código preestablecido. Células sensibles a una frecuencia acústica o a una longitud de onda se activan, y descargan un impulso cuando la energía apropiada toca sus fibras. Luego, el cerebro asocia a esta descarga una percepción totalmente convencional —un sonido, un color, que no existen realmente— asociada a aquella fuente de estimulación. Aquel sonido, aquel color, son convenciones neurales que se han establecido durante millones de años. Así que es posible que este estado puro fenomenológico sea más un concepto que una condición real. Como decía Katsuki Sekida, un maestro zen que ya en los años sesenta del siglo pasado buscaba enlaces entre meditación y biología,[4] Husserl ha hablado mucho de esta condición pero ¡nunca ha explicado cómo alcanzarla! La filosofía zen y el budismo proponen la meditación como medio para limpiar todo lo que podamos los filtros de la percepción, pero no olvidemos que un estado puro de iluminación, así como se describe en muchos textos, no deja de ser una interpretación personal. Jiddu Krishnamurti, que a pesar de su actitud integralmente crítica y críptica sigue siendo una referencia incuestionable como puente entre filosofía oriental y occidental, alertaba sobre los espejismos de la supuesta iluminación, afirmando que, aunque la teoría fuese insistente, encontrar al final a estos iluminados seguía siendo claramente improbable. Y en muchas tradiciones meditativas hay desacuerdos milenarios entre los que dicen que alcanzar ciertos estados o niveles de consciencia profundos requiere una carrera de fondo (años en un monasterio) y los que afirman que no es para tanto, y que cualquiera puede lograrlo con un poco de dedicación. Si el desacuerdo se mantiene hoy, quiere decir que las evidencias no son muy concluyentes. Pero, sobre todo, a pesar del nivel de limpieza que cada uno pueda lograr con cierto grado de compromiso personal, podemos preguntarnos si de verdad esta limpieza es tan real como parece, y si de verdad, con este entrenamiento atencional y emocional, estoy viendo las cosas un poquito más «como son». Si no tengo que creer a mi mente cuando monta ciertas historias que me parecen totalmente ciertas, ¿por qué tengo que confiar en que otra sensación y otra historia sea más real y menos deformada? Los *onironautas* que consiguen (o intentan) adquirir consciencia y lucidez en el sueño de la fase REM[5] para explorarlo y manipularlo lo saben bien: es muy fácil creer en un sueño cuando estás en un sueño. En los sueños nos creemos cosas absurdas, pero en ese momento nos parecen totalmente plausibles, no las cuestionamos en absoluto, y actuamos y reaccionamos conforme a lo que creemos que está pasando. En los famosos «falsos despertares» creemos que nos hemos despertado, y actuamos como en la vida real, hasta que algo se tuerce, y de todas formas tardamos en entender ¡que seguíamos en el sueño! Así que, en realidad, tanto la visión clara de la meditación *vipassana* como la experiencia puramente fenomenológica, si es que se pueden realmente alcanzar, son condiciones que podrían no ser más «reales» que la alternativa que pretenden desmontar. Seamos sinceros, hay que ser un poco vanidoso para pensar que se puede engañar ¡a la evolución y a la selección natural! Pero hay algo cierto: esta condición de «despierto» es una condición sumamente más beneficiosa que su ajetreada y desgastante alternativa. No sabemos si un estado *mindful* es más real o natural que un estado *mindless*, es decir, sin consciencia, sin intención y sin presencia, pero desde luego es un estado que aporta calidad de vida, bienestar, y salud mental. Así que igual no es tan importante hurgar en la filosofía de la verdad, sino solo reconocer que un cierto entrenamiento de habilidades cognitivas que tenemos bastante abandonadas puede incrementar sustancialmente la plenitud de nuestra existencia.

El sueño de Neo

Ahora bien, la pregunta de fondo es: pero ¿una revolución como esta se puede llevar a cabo a nivel de especie? Es posible que no.

Apostaría a que no. La especie es la especie, y solo puede seguir los criterios que han moldeado su programación evolutiva. Es posible que, como ha pasado y ha seguido pasando en los últimos miles de años, una revolución *mindful* sea solo un hito personal, un logro que solo alcanzan individuos sueltos que, sean muchos o pocos, consiguen generar un nicho cognitivo menos afligido por las dolencias de la especie, por este *dukkha* filogenético que arrastra, cuando más y cuando menos, la salud mental de *Homo sapiens*. A pesar de que todavía no podamos medir bien el *mindfulness* disposicional, parece que, como siempre, es de lo más variable de una persona a otra. Algunos lo tienen muy fácil; otros, casi imposible. Que la causa sea genética o cultural no lo sabemos, aunque en estos casos suele ser una mezcla de ambos factores. Como hemos mencionado, de todas formas, todos (o casi todos) pueden emprender un camino de desarrollo para mejorar, en cierta medida, su calidad de vida. Y la buenísima noticia es que, en este sentido, cambios muy pequeños pueden generar transformaciones asombrosas. Pero puede que sea difícil orientar culturalmente a la sociedad entera hacia un proceso cognitivo más atento y reflexivo. Si vemos lo que ha pasado en 200.000 años de evolución, o incluso solo en los últimos pocos miles de años de historia, no es como para ser optimistas. Somos muy pocos (poquísimos) los que hemos vivido una vida con una calidad suficiente como para poder generar sociedades activas, que puedan tomar decisiones globales y conscientes. A lo largo de miles de años, la mayor parte de los individuos de nuestra especie han pasado su existencia entre guerras, violencia, saqueos, abusos, terror, y una enorme incertidumbre ambiental (pobreza, enfermedades, etc.). Ha habido tiempos mejores y peores, pero tampoco queda claro que, en promedio, si consideramos todo el planeta y todas sus poblaciones, haya ahora una mejoría patente. Queda pendiente plantearse qué estrategia emplear, entre el nivel del individuo y el nivel de la especie, para el nivel intermedio de la sociedad, que no es ni carne ni pescado. Trasciende la voluntad de los individuos, pero no tiene que seguir necesariamente el *diktat* de la evolución. Sus tiempos son mucho más rápidos que los tiempos filogenéticos, pero sobrepasan con creces los tiempos de nuestras breves y fugaces vidas individuales. Aunque sabemos que la sociedad sigue reglas complejas que se escapan a las previsiones y que están poderosamente ancladas a nuestra naturaleza de simios encefalizados, ante la duda, no queda otra que implicarse para que, a medio o largo plazo, las cosas funcionen mejor. El compromiso colectivo e institucional es imprescindible, aun sabiendo que no hay garantía de éxito. No podemos dudar de la importancia de la responsabilidad y de la respuesta social, ni de la necesidad de comprometerse con ella: primero, porque queremos confiar en que tenga algún efecto positivo, y segundo porque, de todas formas, es un compromiso no solamente funcional, sino moral y ético, cuyo valor va mucho más allá de sus resultados.

Pero todo ello tiene que llevarse a cabo reconociendo que esta implicación, ya sea individual o social, es un acto de rebeldía en contra de la evolución. O, por lo menos, en contra de sus principios. A nivel evolutivo, estamos por el momento estancados. La evolución trabaja con fluctuaciones de poblaciones pequeñas y, en nuestro caso, ocho mil millones de simios desperdigados por todo el planeta acarrean una inercia genética imposible de mover. Es altamente improbable que pueda haber cambios genéticos tan fuertes que logren cambiar el perfil de la especie. Dicho sea de paso, si los hubiera, podrían ser a peor, por lo que atañe al bienestar individual. Además, los humanos vivimos en ambientes y culturas totalmente distintas, por lo que, como máximo, la selección solo puede dar saltos a ciegas, porque el éxito reproductivo sigue reglas diferentes en contextos diferentes. Tenemos nuestra extraordinaria capacidad protésica, y la evolución cultural y tecnológica es probablemente la única fuente de cambio que puede provocar un impacto global. Pero a nivel biológico, por el momento, parece que las cartas ya están echadas, y tenemos que jugar con las que nos han tocado. ¿Entonces el horizonte de un mundo más *mindful* es una batalla perdida? Desde luego que no. Primero, porque todo cambio empieza con un paso, y este paso es nuestra propia vida. Y segundo porque, a estas alturas deberíamos de haberlo entendido, nuestra responsabilidad es solamente hacer lo mejor que podamos. Tranquilos, el resultado final no dependerá de nosotros.

Sin embargo, esta selección natural aparentemente egoísta y despiadada nos enseña mucho, porque al fin y al cabo solamente es una madre amorosa que cuida de sus hijos, las especies, desconociendo el sufrimiento que esto implica para sus sacrificables células individuales. Nos enseña sobre todo que evolución quiere decir aceptar el cambio, y aprovecharlo. Es un mensaje poderoso para un humano que vive poco tiempo y asustado por la vida, porque le recuerda que el cambio no solamente es inevitable, sino que además siempre representa una oportunidad. Ahora bien, cabe la posibilidad de que una existencia atenta y consciente sea tal vez la única forma que tenemos para vivirlo y, de paso, llegar a disfrutarlo como se merece. Un disfrute que, sin embargo, se puede dar solamente en un momento concreto de nuestra vida: solo aquí, y solo ahora.

Agradecimientos

Decía Santiago Ramón y Cajal que las cabezas humanas son como las palmeras del desierto: se fecundan a distancia. Y como todas las obras humanas, este libro es también el resultado de un trabajo colectivo. En este caso aún más, considerando que presenta una desordenada mezcla de aspectos profesionales y personales. Citando a Richard Buckminster Fuller, somos todos parte de la tripulación de la nave espacial Tierra, y no puedo sino estar agradecido a todos los miembros del barco con quien he compartido y comparto el camino. Por lo que atañe a mi recorrido en la práctica y en el estudio de la meditación y del yoga, me gustaría dar las gracias en particular (y en orden de aparición a lo largo de esta historia) a Esti Bartolomé, José Luis Cabezas, Gustavo Diez, Stefano Poletti y Roberto Ferrari. Pero también quiero dar las gracias a los muchos autores que han logrado transmitir tan profundamente los principios de la meditación, dedicándose a comunicar y a compartir sus conocimientos. Y, en este caso, reconozco en mi forma de vivir la meditación una influencia muy directa de Jon Kabat-Zinn y Christophe André. Durante la preparación de este libro descubrí además el ensayo *Por qué el budismo es verdad*, de Robert Wright, que representó una motivación importante para seguir adelante con este proyecto. Finalmente, este libro no existiría si no fuera por el apoyo incondicional de Carmen, esposa, musa, amiga, correctora, revisora y compañera de viaje. Con tanta luz en los ojos, todo horizonte se ensancha, y cada presente resplandece de vida.

Notas

1. Los límites de la evolución humana

1. Aquí es necesario introducir una nota explicativa. Obviamente la evolución no es un ser pensante, por lo que no tiene voluntad, intereses, prioridades u objetivos. En este libro, como a menudo se estila en divulgación, utilizo estos términos en un sentido figurado, y no hay que tomárselos literalmente. Es solamente una forma simbólica de representar el proceso evolutivo, que en realidad funciona como un sistema experto, como un algoritmo que criba de forma iterativa sin saberlo. Lo digo porque a menudo hay sabelotodos petulantes a los que, para llamar la atención y lucir su competencia, les gusta recordar banalidades, desviando el debate del mensaje principal. Espero con esta nota haber aclarado el asunto.

2. Atención y evolución humana

1. Os recomiendo el excelente libro de Jason Roberts *Todos los seres vivos: La gran carrera por entender la vida en la Tierra* (Taurus, 2024). Se trata de un análisis histórico muy detallado y hábilmente novelado, donde se desvelan las vicisitudes personales y los conflictos de dos personajes clave para la taxonomía zoológica, Georges-Louis Leclerc de Buffon y Carlos Linneo, quienes representan dos formas opuestas de vivir la ciencia y la vida del siglo XVIII. El ejemplo de estos dos personajes antagonistas es sorprendentemente actual a la hora de entender los

sesgos de la relación entre ciencia y sociedad. También os invito a leer mí artículo «Cobrar en especies, y otros lados turbios de la nomenclatura zoológica», en la revista *Jot Down*.

2. El nombre de la especie está formado por los dos elementos (*Homo sapiens*), así que es un error (o por lo menos una imprecisión) mencionar solo el segundo (es decir: *sapiens*). Además, se escribe en cursiva, y con el nombre del género en mayúsculas. Al ser un nombre propio, no debe llevar artículo (el *Homo sapiens*). Cuando se menciona repetidamente el mismo género, se suele abreviar con su inicial (*H. sapiens*). Estas normas no son caprichos de biólogo, sino reglas lingüísticas como cualquier otra. Incumplirlas, sobre todo en un contexto profesional, es como escribir los nombres propios de persona en minúsculas, cambiar el nombre de una ciudad, o añadir un artículo al nombre de un político (como se suele hacer en los bares).

3. Para los interesados en estos temas, os invito a consultar mi libro *La evolución del cerebro humano: Un viaje entre fósiles y primates* (Shackleton Books, 2023).

4. Os invito a leer mi artículo «Evolución humana, demasiado humana», publicado en la revista *Mercurio* (marzo, 2023), disponible tanto en papel como en formato digital.

5. En arqueología, la palabra *tecnología* se refiere al conjunto de herramientas de una especie o de una cultura. En arqueología prehistórica, hablamos sobre todo de industria lítica, es decir, las herramientas talladas en piedra, que son el único tipo de registro que puede permanecer intacto a lo largo de cientos de miles de años. De ahí el término *paleo-lítico*.

6. Un libro muy sencillo y completo sobre la atención y su importancia es *Focus* (Kairós, 2013), de Daniel Goleman. Sobre los aspectos más asociados al crecimiento y al desarrollo, recomiendo el libro *Educar la atención* (Alianza Editorial, 2021), de Charo Rueda.

7. En realidad, el término correcto es *paleoneurobiología*, pero desde siempre se usa la otra forma para abreviar, aunque pueda malinterpretarse como algo relacionado con la neurología, es decir la disciplina médica que se ocupa de enfermedades neurológicas.

8. Sobre la integración entre antropología evolutiva y neurociencia os invito a ojear mi libro *Antropológica Mente* (Shackleton Books, 2024).

3. Cuerpo y mente

1. Os recomiendo la novela *Nación Neandertal*, de Juan José Gómez Cadenas (Espasa, 2024), donde la interacción cultural y psicológica entre humanos modernos y neandertales está brillantemente descrita con exquisitos detalles, y enmarcada en los altibajos de las vicisitudes paleolíticas. Y con la sombra de la clonación que proyecta las mismas vicisitudes ¡en un futuro relativamente cercano!

2. He encontrado, a veces, cierta resistencia (incluso bastante reactiva y emocional) a la palabra *mente* en contextos de investigación en neurobiología. Sospecho que se debe precisamente a esta confusión.

3. El libro *The Embodied Mind*, escrito por el genial Francisco Varela y sus colaboradores, trata este tema en detalle. Entre otras cosas, se mencionan las teorías de Marvin Minsky, que distingue entre un *Self* con mayúscula y un *self* con minúscula. El primero atañe al sentido de identidad, y el segundo al sentido de la persona, del individuo. La diferencia es sutil, pero importante.

4. La *omertà*, o ley del silencio, es el código de honor siciliano que prohíbe delatar las actividades delictivas de las organizaciones criminales y de sus afiliados.

5. Es curioso que en español se diga *prestar atención*, mientras que en inglés se dice *to pay attention*: en el primer caso es algo tan valioso que solo se puede prestar, sin embargo en el segundo... ¡se compra!

6. De hecho, tal vez sería buen ejercicio intentar contrarrestar este desequilibrio, para minimizar algunas limitaciones de las diferentes etapas vitales: no estaría mal que los jóvenes dedicasen un poco más de atención al pasado (aprender de la historia y de sus familiares), y que los ancianos se centraran menos en sus recuerdos (dando más peso a sus expectativas y proyectos futuros).

7. Con otros autores, Teasdale diseñó un protocolo llamado Terapia Cognitiva Basada en Mindfulness (TCBM). Teasdale explica los dos subsistemas presentados en esta sección en el libro anteriormente citado *Por qué funciona el mindfulness* (Kairós, 2023).

8. Una posibilidad interesante es el «efecto Baldwin», propuesto por James Baldwin a finales del siglo XIX, que considera en qué medida la cultura y el aprendizaje pueden canalizar cambios genéticos y adaptativos.

4. El mono dormido

1. Algunos autores interpretan las emociones como sentimientos, en el sentido de sensación interna, psíquica, limitando con ello la palabra *sensación* a la experiencia sensorial física, externa. Recordemos una vez más que para el budismo los sentidos son seis, y el sexto es la mente.

2. Mihály Csíkszentmihályi, *Fluir*, Kairós, Barcelona, 2008.

3. El modelo de Csíkszentmihályi se hizo más complejo con los años, llegando a contar con ocho regiones distintas dentro del mismo gráfico, en función de la relación entre dificultad y habilidades: preocupación, ansiedad, alerta, flujo, control, relajación, aburrimiento y apatía.

4. Christophe André es, en mi opinión, un excelente divulgador de la meditación y el *mindfulness*, y recomiendo con sinceridad todos sus libros. Para quien se quiera acercar a la meditación por primera vez, su libro *Tiempo de meditar* (Kairós, 2021) es sumamente sencillo y completo.

5. En este ámbito, resulta extremadamente útil el libro de Juan Antonio Madrid *Cronobiología: una guía para descubrir tu reloj biológico* (Plataforma Editorial, 2022).

6. Además del ya citado *Los estados de ánimo* de Christophe André, recomiendo también su libro *¡Viva la libertad!* (Arpa Editores, 2020), escrito en colaboración con Alexandre Jollien y Matthieu Ricard. ¡Buenísimo!

5. Meditación y atención plena

1. Sigue en pie cierto debate sobre si, a lo largo de la práctica meditativa, existen o no umbrales donde se dan saltos cognitivos discretos y sobre todo perdurables y definitivos. Más allá de no tener, por el momento, una respuesta cierta sobre este asunto, hay que decir que la duda se asocia a niveles de meditación ya excepcionales, que no es el caso de la mayoría de quienes vivimos en la rutina de una sociedad convencional.

2. El cojín de meditación se llama *zafu*. La posición sentada, cuando se puede mantener por cierto tiempo, es de hecho la más efectiva para alcanzar una estabilidad sin esfuerzo. Por ello, la elección del *zafu* representa una decisión muy personal para quien dedica tiempo a la

práctica formal. Como alternativa, hay banquetas de meditación muy cómodas. Y una silla común puede funcionar igual de bien.

3. Del término griego *hibris*, que significa 'orgullo, arrogancia'.

4. En la filosofía budista, el término *tanha* se refiere a la sed insaciable generada por apegos y aversiones, que se renueva continuamente, después de cada intento de apaciguarla.

5. El libro de Viktor Frankl *El hombre en busca de sentido* (Herder, 2021) es un texto de referencia sobre este tema.

6. Un libro excelente sobre este tema, aunque quizá requiera cierta formación previa, es: J. Kabat-Zinn y M. Williams, *Mindfulness: Su origen, significado y aplicaciones* (Kairós, 2017).

7. Todos los libros de Jon Kabat-Zinn son, en mi opinión, excelentes. El más completo es tal vez *Vivir con plenitud las crisis* (Kairós, 2016), que incluye los principios de su famoso programa para la reducción del estrés (MBSR). Más sencillo y popular es, sin duda, *Mindfulness en la vida cotidiana* (Paidós, 2009).

8. Según un modelo muy utilizado en psicología, los cinco grandes rasgos de la personalidad son apertura, responsabilidad, extraversión, amabilidad y neuroticismo.

9. Evidentemente, esta explicación se podría aplicar a muchos procesos biológicos y cognitivos, como por ejemplo a la mismísima consciencia.

6. Olvido y despertar

1. A pesar de la infeliz ambigüedad de la palabra *ilusión*, que también se emplea como 'engaño'.

2. Oliver Sacks. *Despertares*, Anagrama, 2010.

3. Y en muchos casos bastante peculiares. Un libro interesante a este respecto, y también a nivel histórico, es *Los caminos de la meditación*, de Daniel Goleman (Kairós, 1986).

4. Su libro *Za Zen* (Kairós, 1992) es realmente muy bueno, y práctico. Además, el libro nació de la colaboración con Albert Victor Grimstone, un biólogo de Cambridge pionero del microscopio electrónico. Grimstone fue uno de los primeros en describir los detalles de los cilios y los flagelos de protozoos y bacterias, y ya en los años sesenta del siglo pasado se interesó por la relación entre meditación y ciencias cognitivas.

5. En la etapa más profunda del sueño, donde se mueven solo los ojos (*Rapid Eye Movement*, REM, en inglés), el cuerpo está paralizado, y es cuando ocurren la mayoría de los sueños. Experimentar con los sueños lúcidos (es decir, tomar consciencia del sueño mientras se está inmerso en él) permite descubrir algo sorprendente: que los sueños, a pesar de que los recordemos como algo borroso, en el momento en que los vivimos son tan reales a nivel perceptivo como la misma realidad.

Bibliografía

Baddeley, A. (2000), «The episodic buffer: a new component of working memory?», *Trends in Cognitive Sciences*, 4(11), 417-423.

Baluch, F., y Itti, L. (2011), «Mechanisms of top-down attention», *Trends in Neurosciences*, 34(4), 210-224.

Barsalou, L. W. (2008), «Grounded cognition», *Annual Review of Psychology*, 59(1), 617-645.

Borghi, A. M., y Cimatti, F. (2010), «Embodied cognition and beyond: Acting and sensing the body», *Neuropsychologia*, 48(3), 763-773.

Brandmeyer, T., Delorme, A., y Wahbeh, H. (2019), «The neuroscience of meditation: classification, phenomenology, correlates, and mechanisms», *Progress in Brain Research*, 244, 1-29.

Bruner, E. (2023), «Cognitive archaeology and the attentional system: An evolutionary mismatch for the genus *Homo*», *Journal of Intelligence*, 11(9), 183.

—, *Cognitive archaeology, body cognition, and the evolution of visuospatial perception*, Academic Press, Cambridge, Massachusetts, 2023.

—, (2024), «Cognitive archaeology, and the psychological assessment of extinct minds», *Journal of Comparative Neurology*, 532(1), e25583.

—, (2024), «In search for evolutionary roots of a mindful cognition: A Darwinian view on sustained intentional awareness», *BioSystems*, 105321.

—, y Gleeson, B. T. (2019), «Body cognition and self-domestication in human evolution», *Frontiers in Psychology*, 10, 1111.

—, y Colom, R. (2022), «Can a Neandertal meditate? An evolutionary view of attention as a core component of general intelligence», *Intelligence*, 93, 101668.

—, y Battaglia-Mayer, A., y Caminiti, R. (2023), «The parietal lobe evolution and the emergence of material culture in the human genus», *Brain Structure and Function*, 228(1), 145-167.

Buckner, R. L., y DiNicola, L. M. (2019), «The brain's default network: Updated anatomy, physiology and evolving insights», *Nature Reviews Neuroscience*, 20(10), 593-608.

Burnett, G., y Smith, J. E. H., *Scenes of Attention*, Columbia University Press, Nueva York, 2023.

Cásedas, L., Schooler, J. W., Vadillo, M. A., y Lupiáñez, J. (2024), «An integrative framework for the mechanisms underlying mindfulness-induced cognitive change», *Nature Reviews Psychology*, 3, 821-834.

Coolidge, F. L., y Wynn, T. (2005), «Working memory, its executive functions, and the emergence of modern thinking», *Cambridge Archaeological Journal*, 15(1), 5-26.

Dahl, C. J., Lutz, A., y Davidson, R. J. (2015), «Reconstructing and deconstructing the self: cognitive mechanisms in meditation practice», *Trends in Cognitive Sciences*, 19(9), 515-523.

Davidson, R. J., y Dahl, C. J. (2018), «Outstanding challenges in scientific research on mindfulness and meditation», *Perspectives on Psychological Science*, 13(1), 62-65.

Dunbar, R. I. (2010), «The social role of touch in humans and primates: behavioural function and neurobiological mechanisms», *Neuroscience & Biobehavioral Reviews*, 34(2), 260-268.

—, (2012), «Bridging the bonding gap: the transition from primates to humans», *Philosophical Transactions of the Royal Society B: Biological Sciences*, 367(1597), 1837-1846.

—, (2018), «The anatomy of friendship», *Trends in Cognitive Sciences*, 22(1), 32-51.

Eibl-Eibesfeldt, I., *Human ethology*, Aldine de Gruyter, Nueva York, 1989.

Engel, A. K., Maye, A., Kurthen, M., y König, P. (2013), «Where's the action? The pragmatic turn in cognitive science», *Trends in Cognitive Sciences*, 17(5), 202-209.

Farb, N. A., Segal, Z. V., Mayberg, H., Bean, J., McKeon, D., Fatima, Z., y Anderson, A. K. (2007), «Attending to the present: mindfulness meditation reveals distinct neural modes of self-reference», *Social cognitive and affective neuroscience*, 2(4), 313-322.

Hanley, A. W. (2016), «The mindful personality: Associations between dispositional mindfulness and the Five Factor Model of personality», *Personality and Individual Differences*, 91, 154-158.

Hasenkamp, W., y Barsalou, L. W. (2012), «Effects of meditation experience on functional connectivity of distributed brain networks», *Frontiers in Human Neuroscience*, 6, 38.

Hills, T. T., Todd, P. M., Lazer, D., Redish, A. D., y Couzin, I. D. (2015), «Exploration versus exploitation in space, mind, and society», *Trends in Cognitive Sciences*, 19(1), 46-54.

Hölzel, B. K., Lazar, S. W., Gard, T., Schuman-Olivier, Z., Vago, D. R., y Ott, U. (2011), «How does mindfulness meditation work? Proposing mechanisms of action from a conceptual and neural perspective», *Perspectives on psychological science*, 6(6), 537-559.

Iriki, A., y Taoka, M. (2012), «Triadic (ecological, neural, cognitive) niche construction: A scenario of human brain evolution extrapolating tool use and language from the control of reaching actions», *Philosophical Transactions of the Royal Society B: Biological Sciences*, 367(1585), 10-23.

Kaplan, D. M. (2012), «How to demarcate the boundaries of cognition», *Biology & Philosophy*, 27, 545-570.

Karl, J. A., y Fischer, R. (2022), «The state of dispositional mindfulness research», *Mindfulness*, 13(6), 1357-1372.

Killingsworth, M. A., y Gilbert, D. T. (2010), «A wandering mind is an unhappy mind», *Science*, 330(6006), 932-932.

Land, M. F. (2014), «Do we have an internal model of the outside world?», *Philosophical Transactions of the Royal Society B: Biological Sciences*, 369(1636), 20130045.

Leary, M. R., y Buttermore, N. R. (2003), «The evolution of the human self: Tracing the natural history of self-awareness», *Journal for the Theory of Social Behaviour*, 33(4), 365-404.

Lutz, A., Slagter, H. A., Dunne, J. D., y Davidson, R. J. (2008), «Attention regulation and monitoring in meditation», *Trends in Cognitive Sciences*, 12(4), 163-169.

Machin, A. J., y Dunbar, R. I. (2011), «The brain opioid theory of social attachment: A review of the evidence», *Behaviour*, 148(9-10), 985-1025.

Maister, L., Slater, M., Sanchez-Vives, M. V., y Tsakiris, M. (2015), «Changing bodies changes minds: owning another body affects social cognition», *Trends in Cognitive Sciences*, 19(1), 6-12.

Malafouris, L. (2010), «The brain–artefact interface (BAI): A challenge for archaeology and cultural neuroscience», *Social Cognitive and Affective Neuroscience*, 5(2-3), 264-273.

Peer, M., Salomon, R., Goldberg, I., Blanke, O., y Arzy, S. (2015), «Brain system for mental orientation in space, time, and person», *Proceedings of the National Academy of Sciences USA*, 112(35), 11072-11077.

Petersen, S. E., y Posner, M. I. (2012), «The attention system of the human brain: 20 years after», *Annual Review of Neuroscience*, 35(1), 73-89.

Raffone, A., Marzetti, L., Del Gratta, C., Perrucci, M. G., Romani, G. L., y Pizzella, V. (2019), «Toward a brain theory of meditation», *Progress in Brain Research*, 244, 207-232.

Rahrig, H., Vago, D. R., Passarelli, M. A., Auten, A., Lynn, N. A., y Brown, K. W. (2022), «Meta-analytic evidence that mindfulness training alters resting state default mode network connectivity», *Scientific Reports*, 12(1), 12260.

Rueda, M. R., Moyano, S., y Rico-Picó, J. (2023), «Attention: The grounds of self-regulated cognition», *Wiley Interdisciplinary Reviews: Cognitive Science*, 14(1), e1582.

Shea, J. J. (2017), «Occasional, obligatory, and habitual stone tool use in hominin evolution», *Evolutionary Anthropology*, 26(5), 200-217.

Sherwood, C. C., y Gómez-Robles, A. (2017), «Brain plasticity and human evolution», *Annual Review of Anthropology*, 46(1), 399-419.

Sznajder, B., Sabelis, M. W., y Egas, M. (2012), «How adaptive learning affects evolution: Reviewing theory on the Baldwin effect», *Evolutionary Biology*, 39, 301-310.

Tang, Y. Y., y Posner, M. I. (2009), «Attention training and attention state training», *Trends in Cognitive Sciences*, 13(5), 222-227.

—, Hölzel, B. K., y Posner, M. I. (2015), «The neuroscience of mindfulness meditation», *Nature Reviews Neuroscience*, 16(4), 213-225.

Vago, D. R., y Zeidan, F. (2016), «The brain on silent: Mind wandering, mindful awareness, and states of mental tranquillity», *Annals of the New York Academy of Sciences*, 1373(1), 96-113.

Varela, F. J., Thompson, E., y Rosch, E., *The embodied mind*, The MIT Press, Cambridge, Massachusetts, 2017.

Wilson, M. (2002), «Six views of embodied cognition», *Psychonomic Bulletin & Review*, 9, 625-636.

—, (2010), «The re-tooled mind: How culture re-engineers cognition», *Social Cognitive and Affective Neuroscience*, 5(2-3), 180-187.

Wynn, T., y Coolidge, F. L. (2004), «The expert Neandertal mind», *Journal of Human Evolution*, 46(4), 467-487.

Índice